一學就會！

La pâtisserie française pour tous

法國經典甜點

70

Francis Maes
法蘭西斯‧馬耶斯＆林鳳美 —— 著
戴子維＆戴子寧 —— 繪

道老師傅家傳配方‧人人在家就能輕鬆做

Contents
La pâtisserie française pour tous

Part 1　基本材料與器具介紹

Part 2　新手製作須知與注意事項

Part 3　法國甜點基本功

Part 4　法國傳統節慶甜點

Part 5　法國甜點地圖

法國北部

法國東北

Contents
La pâtisserie française pour tous

Part 6 **法國經典甜點**

Part 7　法國巧克力甜點

Part 8　法國餐前小鹹點

〔推薦序〕

認識法國美食、學習製作甜點的絕佳參考

呂慶龍（駐法國代表）

生活在多元社會裡，人與人間對事或人總會有不同看法。我們習慣上有「法國人很驕傲」的印象，然而對外交專業工作者而言，法國無論在語言文化、藝術、科技、國防、交通運輸、工商企業、醫療衛生、創意設計等，都有十分亮麗表現，具有世界級水準，又是全球第五大經濟體，關心自由、民主與人權等普世價值。法國人對自己有信心，就因為背後有各種實力，因此這種「驕傲」在生活互動上是一種信心的展現；法國外長庫斯納（Bernard Kouchner）先生今年 7 月 25 日針對法國政府強化對外工作所發表的演講中，提到「法國是全球五大文化大國之一」就是最佳寫照。

談到法國，我們必然會聯想到法國美食文化，一般的觀點是中華料理與法國料理同為東西方最具代表性的料理。是的，「民以食為天」，只要有能力大家都會追求更好的飲食，因此無論在哪個國家或地區，飲食是人們天天面對的生活，其中天然環境、風俗習慣、文化背景以及經濟能力都會對飲食帶來不同程度的差異。一般而言，中華美食和法國料理從取材及菜色的多元與準備程序、烹調技巧的運用，以及成品展現色香味，普遍獲得大眾喜愛，在在都是全球公認的讚譽。台灣四、五十年來由於經濟發展、生活水準提高及購買力增強，一方面有能力選擇較好的飲食品質，一方面則與國際互動頻繁，眼界擴及外面的世界，因此飲食已自然地從追求溫飽提升到在乎品質。我國近幾年來的國民所得與西班牙、墨西哥相差不多，平均購買力（parity of purchasing power，PPP）已達到三萬美元的門檻（法國三萬六千美元），台灣已成為消費型社會，同時在醫療衛生長足改善之下，造就了國民平均壽命與法國國民沒有多大差別的現象（謹註：男士同為76 歲，法國女士 84 歲，比台灣女士多兩歲），這些傑出表現，展現台灣的進步與實力。台灣更了不起的是日常生活機能好，生活條件不斷改善，就整體國家實力而言，絕對排名全球前 35 名，單就國際貿易而言，2009 年為全球第 18 大，總額占全球 2%，由國際

貨幣基金評定為全球第 25 大經濟體，加上社會多元民主開放，教育發達，已是全球多項產業的競爭者與貢獻者，這些現象自然而然地造就了國民對追求細緻品味、更優質生活條件的期盼。

　　法國料理馳名世界，連我們在加勒比海的邦交國海地（1805 年脫離法國獨立）首都太子港都有六家法國好餐廳（我在那裡捍衛邦交五年一個月，當過公使及特命全權大使）。法國料理有名，也因為法國甜點又多又好令人讚嘆，有傳統性及地區特性，有新一代專業人士改良及創意，真的是不勝枚舉。法國由於這兩年遭到全球金融危機影響，餐飲業獲得政府調降附加稅措施，期盼獲得消費者青睞，對營業產生一定程度助益。然而我們也看到法國餐飲業的務實做法，面對速食業挑戰，十幾年來將以前傳統套餐的雙前菜、雙主菜及雙甜點的雙套改為單套的新飲食，一年多來已開始提供前菜加主菜，或主菜加甜點的雙選一套餐，以維持一定品質及價格競爭優勢；無論如何，法國甜點的豐富令人駐足與垂涎。就舉國內很夯的馬卡龍小圓餅（les macarons），兩年多前台北 101 高層看到這個領域的發展性，帶團專程到巴黎香榭大道 75 號訪晤甜點名店 La Durée（1862 年成立）集團總裁 David Holder 先生，洽請進駐台北 101。

　　今天我們有機會看到台灣來法國的林鳳美女士，融入在地生活之際，用心學習製作法式點心，從經驗中不斷尋求更好的方式，花費許多精神依地理位置整理出一本相當生活化，且具代表性的法國甜點專書，透過對地方文化及歷史的觀察，詳細介紹法國當地節慶及法國人享用甜點的文化，更詳實說明如何動手調製，在食譜上以星星數目顯示難易度供新手參考，兼以「小叮嚀」親切提醒該特別留意的「楣角」，連我都想拜師學藝。

　　基於推動台法文化交流及進一步認識法國美食，林小姐找我寫序，我樂於為之。敬祝大家平安愉快，Bon appétit（胃口大開）！

傳承手藝，讓人人在家享受「最簡單的幸福」

法蘭西斯・馬耶斯（法國糕點師傅，本書甜點顧問）

法國甜點歷史悠久，中世紀開始即有蜂蜜餅的存在，直到 14 世紀才開始走向繁榮。當時糖的使用還不普遍，糖漿麵包和鬆餅只在星期日於教堂廣場販賣。文藝復興時期（15 世紀初至 17 世紀），法國糕點才有了新的轉折，出現法式薑餅、馬卡龍、蛋白糖霜、小泡芙和鮮奶油。到了 18 世紀，才在食譜書中提到發泡鮮奶油、冰淇淋，以及其他種類的蛋糕食譜。19 世紀，法國糕點僅提供給富裕的貴族階層，從此帶動了法式甜點的流行，此時糖的價格已下降不少，使用上也越發普及。如今，麵包店和糕點店四處林立，已成為法國飲食文化執世界牛耳的象徵符碼，吸引各地饕客取經學藝、朝聖嘗鮮，更造就出許多身懷絕技、馳名國際的糕點師傅。

而我家的男人傳承糕點手藝已好幾代。我自己則從 1952 年 14 歲開始，在法國北部里爾市（Lille）史汀福德城（Steenvorde）附近的叔叔糕點店當學徒，從此展開烘焙的一生，一雙手注定沾滿蛋、糖和麵粉。三年的學徒生涯打穩了糕點製作基礎，進而成為糕點師傅。18 歲即獲得法國糕點師傅專業執照，並遇到人生的轉折：接受徵兵參與阿爾及利亞戰爭。1960 年退役後回到法國，繼續職場生涯。

當時的里爾城有許多糕點店附設午茶沙龍，前雇主戴高樂糕點店的招牌點心是法國鬆餅。退役後，他請我回去工作。也是在這時，我遇到人生中的伴侶，便決定自己開店當老闆。

一年後，在叔叔的幫助下，我的糕點店成立了，就開在里爾市附近的歐布定。糕點店也在我和妻子弗杭蘇瓦茲的相互扶持努力下，一點一滴慢慢累積忠實顧客，在同個地點一經營就是 38 年。期間，大兒子艾瑞克也在里爾接下一家店，並另外學習製作麵包的技能。如今，他在法國各地開設許多麵包糕點店，而 25 歲的孫子也投身烘焙業，在自家的糕點店工作。

　　傳承是一件非常令人值得驕傲的事！一如我傳承了祖先與父叔輩的糕點手藝，我也想用自己的方式，盡量將畢生所學的專業技能和知識傳授給更多人，身體力行延續傳統的想法與做法，使法國飲食文化傳統不被遺忘。

　　我於 60 歲退休，獲法國貿易商會頒發職業勳章，為糕點師傅生涯劃下完美句點。2006 年，我們選擇定居洛里昂。為了不讓自己的退休生活無趣無聊，我在市政府主辦的新住民歡迎會中，主動向洛里昂市鎮協會提議，希望能將自己的糕點專長無酬地傳承下去。當時，在法國自願當義工的糕點師傅可不多呢！

　　法國飲食深得老饕喜愛，法國糕點更是如此！它歷史悠久，聞名世界！法國糕點於14 世紀開始展露光芒，16 世紀後不斷改變與創新，不僅保留了傳統的味道，更在外型上下功夫，在世界各地發揚光大，深受大眾喜愛。近年來更有大型名店進駐國外開設法國糕點專賣店，還有許多外國人遠渡重洋來到法國學習糕點製作，甚或出版甜點專書讓讀者在自家學習製作，讓更多人享受法國甜點的滋味。

　　在此我想給學做甜點的新手一些小叮嚀，多做幾次必能熟能生巧。此外，想準確計量材料的配方，請先買個好秤吧！

　　再來就是掌握火候，得注意：

　　1. 糕點烘烤期間絕對不要隨意開啟烤箱門。

　　2. 定好時間。

　　3. 控制好溫度。

　　我認為有一種最簡單的幸福，人人都可以輕易做到：就是在家親手製作糕點！我很高興確認這本書傳承我的手藝和技法，書中匯集的製作配方，有許多都非常容易製作，例如：剛果椰子球、馬卡龍小圓餅、法式戚風蛋糕、泡芙、奶黃醬等。由衷希望每位讀者都能在家享受這「最簡單的幸福」！

〔自序〕

新手變達人，法國甜點輕鬆做

從台灣來到法國定居前，我在五星級飯店與義大利餐廳工作多年，對歐式糕點愛不釋手。每當下午茶時間，總是望著蛋糕櫃中的千層蛋糕或草莓派無法自拔地垂涎，等到下班後再掏腰包外帶回家解饞，有時甚至還會向點心房的糕點師傅請教製作方法。來到法國後，才知道法國人在午餐與晚餐後都有享用甜點的習慣，而每逢過年和特殊節日也有其傳統的節慶糕點，覺得很有意思，也更加喜愛法國甜點。

法國糕點歷史從中世紀簡樸的糕點開始，到 19 世紀受到皇室貴族的喜愛，至今已有千年的歷史。其間經過歷代糕點師傅不斷創新與改良，使得現今的法國糕點在國際上占有重要地位，「甜點」兩字幾乎已與「法國」畫上等號。

而讓我真正開始學習法式糕點製作的契機，則是因為我嫁給法國人，而心愛的他很愛甜點，促使我去參加住家附近「法國市鎮協會」（Accueil des Villes Françaises，AVF）開設的法國糕點製作課程。

也就是在這時，我遇到為人親切、手藝精湛的糕點老師，法蘭西斯‧馬耶斯先生。我是班上唯一的亞裔學員，學習過程中遇到不懂的地方，老師總會耐心向我解說，分享許多人從來都不知道的糕點製作祕訣。由此，我與馬耶斯老師結下糕點之緣，進而醞釀創作這本法國傳統糕點專書。從基礎的法式糕點製作方法，到法國傳統節慶糕點與家常甜點，一一收錄書中，並分享傳統節慶糕點和地方甜點的由來與歷史故事。

　　在一般人的想法中，「法國道地傳統甜點」，不似台灣小吃或麵包甜點可以輕易在路邊或商店隨時享受到，得上五星級飯店的法式餐廳或法式甜點專賣店才吃得到。然而現今進出口業發達，各種歐式進口食品和佐料比以往容易取得，在自家 DIY 製作外國甜點不再是天方夜譚的夢想；隨手可得的食品佐料，讓喜歡在家動手做甜點蛋糕的小姐先生主婦們，也能輕鬆烘焙出各式各樣的甜點，收服每個人的胃。而且，自家製作的甜點用的食材原料都很講究品質、衛生和營養，絕對比外面賣的糕點可能採用來路不明原料或添加有毒化學成分，吃得健康又有保障！

　　每當我動手做每一道甜點，都非常用心！因為我知道這是做給我鍾愛的人吃的，因此更加用心去製作。我深信透過我幸福念力和雙手釋放出來的愛心，絕對能讓這甜點帶有特殊魔力，緊緊抓住他人的味蕾。這就是為何法式甜點總是吸引大眾目光，總讓人駐足在甜點店櫥窗前流連不去；雖然光用看的無法填飽肚子，但視覺上的滿足，讓人有股衝動恨不得全部買下來盡情品嘗享受。

　　我就是這樣的人啊！每次經過甜點店總會整張臉緊貼櫥窗盯著法式蛋糕的作工與裝飾，或是一家人上餐廳用餐，上甜點時總會先觀察研究一番，拍下美美的照片後才心甘情願享用它們，然後帶著舌間上的味蕾遺留下來的味道，回家憑著感覺試做一遍。

我將一路以來學做法國甜點的心得和知識，呈現在本書中，最想傳達給讀者的是：

　　沒有人是天生的烘焙家，只有不斷從失敗中學習，才有製作成功的那一刻。我也是從初學者開始慢慢摸索學習，從一次又一次的失敗經驗中尋求更好的製作方式。製作法國家常點心並沒有想像中的難，不要一開始就把它想得太難，自我設限。請按照書上的說明，一個步驟一個動作地照做，相信你一定也能輕鬆完成。就像我和其他糕點班的同學原本也是甜點新手，經過努力不懈的嘗試和學習，現在也能製作出法國人也讚賞的甜點了。要特別提醒讀者，書中配方多為適合法國人口味的傳統法國配方，對亞洲人來說似乎過甜。除了書中特別提醒不得減糖的配方食譜外，讀者可依個人口味來減少配方中的糖量，製作出適合自己口味和甜度的配方。

　　我在書中還特別為食譜標上星號，讓讀者能輕易辨別每一種糕點製作的難易度。星星越少越簡單，越多則越難，方便新手和具有基礎的達人從中選擇適合的甜點入手。

　　我能，我的朋友能，相信現在正在看這本書的你（妳）一定也能！

　　還在等什麼？趕快穿上圍裙製作甜點吧！一起努力成為法國甜點達人！

Part 1

基本材料與器具介紹

蛋、糖、麵粉、奶油是法國糕點的四大材料，

配角則有蛋糕發粉、玉米粉、新鮮水果、鮮奶油、乾果、香草及巧克力等，

依照不同配方混合搭配。

以天然食材製作的糕點吃起來安心又健康，

各式烘培器具更是製作不同類型及外型糕點的好幫手。

糕點基本器具，附法語和音標

• 鋼鍋
Cul-de-poule〔ky d(ə) pul〕

打發蛋白，混合糕點材料，
隔水融化巧克力時使用。

• 玻璃（白瓷）盅
Saladier〔saladje〕

打發蛋白，混合糕點材料，隔水融化巧克力時使用。

• 塑膠盅
Bol plastique〔bɔl plastik〕

打發蛋白，混合糕點材料用。

• 打蛋器
Parcelles au fouet〔parsɛl [o] fwɛ〕

混合液體材料或打發蛋白蛋黃、無（半）鹽奶油。

• 電動攪拌器
Batteur électrique〔batœːr elɛktrik〕

打發蛋白、無（半）鹽奶油、發泡鮮奶油。

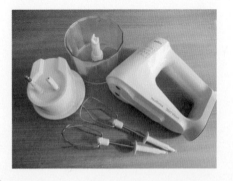

• 電子秤
Balance électrique〔balãːs elɛktrik〕

秤量糕點材料的準確重量。

• 烤箱
Four〔fuːr〕

依據不同糕點的烘烤溫度及
時間調節火溫，烘烤糕點時用。

• 烤盤
Plaque à pâtisserie〔plak [a] pa[a]tisri〕

放糕點進烤箱烘烤時用。

• 烤架
Grille à pâtisserie〔grij [a] pa[a]tisri〕

放糕點進烤箱烘烤時用。

• 壓石／烘焙石
Chaîne fond de tarte〔ʃɛːn fɔ̃ d(ə) tart〕

烘烤前在生塔皮或生派皮上墊張烘焙紙，再壓上
烘焙專用的重石，使塔皮或派皮不致過度膨脹、
變形。也可使用乾燥豆子代替。

• 量杯：
測量液體或少量粉狀材料用。

▸ 玻璃量杯 Verre doseur gradué
〔vɛːr dozœːr gradɥe〕

▸ 塑膠量杯 Verre gradué en plastique
〔vɛːr gradɥe [ã] plastik〕

• 網篩
Tamis à farine〔tami [a] farin〕

麵粉、糖粉、杏仁粉過篩用。

• 木棒

Bâtonnet en bois〔batɔnɛ ã bwa[ɑ]〕

圓頭型木棒用於攪拌任何材料，與混合打發無（半）鹽奶油用。

• 蛋糕刮刀

Spatule maryse silicone〔spatyl maris silikɔn〕

將蛋糕材料刮入烤模及混合材料用或切割麵團用。

• 蛋糕抹刀

Spatule à pâtisserie〔spatyl [ɑ] pa[ɑ]tisri〕

塗上或抹平發泡鮮奶油及奶油餡料時使用。

• 切麵刀

Coupe-pâte〔kup-pɑ:t〕

切開麵團、塔皮、糕點製品用料時使用。

• 刀子

Couteau〔kuto〕

切開糕點基本材料及製作用料時使用。

• 玻璃碗

Bol en verre〔bɔl [ã] vɛ:r〕

分裝製作糕點時所需材料。

• 各式烤模：

烘烤糕點時，依照所需尺寸、材質及烘烤外型，選擇適合的模具使用。

▷ 塔模 Moule à tarte〔mul [ɑ] tart〕

▷ 圓形蛋糕模 Cercle à tarte〔sɛrkl [ɑ] tart〕

▷ 慕斯模 Cercles à mousse〔sɛrkl [ɑ] mus〕

▷ 蛋糕模 Moule à gâteau〔mul [ɑ] gato〕

▷ 瓷碟烤盅 Moule à manqué〔mul [ɑ] mãke〕

▷ 小型烤模 Moules à petits-fours〔mul [ɑ] p (ə)ti-fu:r〕

▷ 餅乾模 Emporte-pièces〔ãpɔrt-pjɛs〕

• 涼架

Volette à pâtisserie〔vwalɛt [ɑ] pa[ɑ]tisri〕

蛋糕出爐時倒置散熱用。

• 毛刷

Pinceau à pâtissière〔pɛ̃so[ɑ] pa[ɑ]tisri〕

塗上糖水、蛋汁、果醬等材料時用。

• 擀麵棍

Rouleau à pâtissière〔rolo [ɑ] pa[ɑ]tisri〕

擀平麵團用。

- 烘焙紙
  Papier de cuisson ／ Feuille de cuisson
  〔papje d〔ə〕kɥisɔ̃ ／ fœj d〔ə〕kɥisɔ̃〕
  鋪在烤盤或烤具上的糕點製作專用鋪紙。

- 擠花袋
  Poche à douille〔pɔʃ〔a〕duj〕
  製作糕點時裝入餡料的塑膠或布製袋子，以擠出
  固定的花飾或糕點外型的裝飾。

- 擠花嘴
  Douille〔duj〕
  套在擠花袋底端，不同樣
  式的擠花嘴可擠出不同的
  花樣作糕點的裝飾。

- 瓦斯噴槍
  Chalumeau de cuisine〔ʃalymo d〔ə〕kɥizin〕
  燒烤糕點顏色裝飾用。

- 料理用有柄深鍋
  Casserole〔kasrɔl〕
  煮沸或料理糕點醬汁用。

- 平底鍋
  Poêle〔pwa [ɑ:] l〕
  炒料或煎餅用。

- 瓜球器
  Cuillère pomme parisienne
  〔kɥijɛːr pɔm parisijɛ̃〕
  挖水果球用。

- 刨絲器
  Mandoline〔mɑ̃dɔlin〕
  刮巧克力及磨檸檬皮和柳橙皮用。

- 削皮刀
  Économe〔ekɔnɔm〕
  削水果皮用。

- 剪刀
  Ciseaux〔sizo〕
  修剪烤盤紙或撿開包裝袋用。

- 橡皮筋
  Bande en caoutchouc〔bɑ̃ːd〔ɑ̃〕kautʃu〕
  綁在擠花嘴或用不完的糕點材料包裝袋。

- 透明膠帶
  Ruban adhésif transparent〔rybɑ̃ adezif trɑ̃sparɑ̃〕
  纏住擠花嘴用。

- 泡泡紙
  Papier bulle〔papje byl〕
  巧克力裝飾用。

- 亮面透明塑膠包裝紙
  Papier cristal〔papje kristal〕
  巧克力裝飾或糕點外包裝用。

註：ɔ̃、ɑ̃、ɛ̃ 等發帶 n 的鼻音。
　　音標小括弧裡的 (ə)、[ɑ]、[ɛ] 裡的字母有些發音，
　　有些則不發音。

1-2 糕點基本材料，附法語和音標

〔麵粉類〕

- 低筋麵粉 Farine de type45
  〔farin d(ə) tip karɑ̃:t sɛ̃:k〕（糕點用）
- 高筋麵粉 Farine de type55
  〔farin d(ə) tip sɛkɑ̃:t sɛ̃:k〕（麵包用）
- 低筋麵粉與高筋混合即是中筋麵粉

〔發粉類〕

- 蛋糕發酵粉 Levure chimique
  〔l(ə)vy:r ʃimik〕
- 麵包發酵粉 Levure du boulangère
  〔l(ə)vy:r dy bulɑ̃ʒɛɛ:r〕

- 液態鮮奶油 Crème liquide〔krɛm likid〕
- 牛奶 Lait〔lɛ〕
- 發泡鮮奶油 Crème Chantilly〔krɛm ʃɑ̃tily〕

〔奶油類〕

- 無鹽奶油 Beurre doux〔bœ:r du〕
- 半鹽奶油 Beurre demi sel〔bœ:r d(ə)mi sɛl〕

〔蛋〕

- 全蛋 Oeuf entier〔œf ɑ̃tje〕
- 蛋白 Blanc d'œuf〔blɑ̃ d'œf〕
- 蛋黃 Jaune d'œuf〔ʒɔ:n d'œf〕

〔液態類〕

- 熱水 L'eau chaude〔lo ʃo:d〕
- 冰水 L'eau froide〔lo frwa[ɑ:]d〕
- 常溫水 L'eau tiède〔lo tjɛd〕
- 糖水 Sirop de sucre〔siro d(ə) sykr〕

〔糖類〕

- 細砂糖 Sucre poudre〔sykr pudr〕
- 黃砂糖 Cassonade〔ka[ɑ]sɔnad〕
- 黑糖 Sucre noir〔sykr nwa:r〕
- 糖粉 Sucre glace〔sykr glas〕
- 晶糖 Sucre en grains〔sykr [ɑ̃] grɛ̃〕

〔巧克力〕

- 黑巧克力 Chocolat noir
  〔ʃɔkɔla[ɑ] nwa:r〕
- 白巧克力 Chocolat blanc
  〔ʃɔkɔla[ɑ] blɑ̃〕
- 牛奶巧克力 Chocolat au lait
  〔ʃɔkɔla[ɑ] [o] lɛ〕

〔酒類〕

- 白蘭地 Cognac〔kɔɲak〕
- 棕色蘭姆酒 Rhum brun〔rym brœ̃〕
- 紅酒 Vin rouge〔vɛ̃ ru:ʒ〕
- 茴香酒 Pastis〔pastis〕

〔香料粉類〕

- 食鹽 Sel〔sɛl〕
- 白胡椒粉 Poivre blanc〔pwa :vr blɑ̃〕
- 黑胡椒粉 Poivre noir〔pwa :vr nwa:r〕
- 白芝麻 Sésame blanc〔sezam blɑ̃〕
- 玉米粉 Maïzena〔maizana〕
- 豆蔻粉 Muscade〔myskad〕
- 香芹粉 Persil〔pɛrs〕
- 丁子香粉 Girofle〔ʒirɔfl〕

- 薑粉 Gingenbre moulu〔ʒɛʒɑ̃:br muly〕
- 黑可可粉 Cacao noir en poudre
  〔kakao nwa:r [ɑ̃] pudr〕
- 桂皮粉 Cannelle de ceylan moulue
  〔kanɛl d(ə) sɛlan muly〕
- 綜合四香粉 Poudre de quatre épices
  〔pudr d(ə) katr epis〕
- 香草糖粉 Sucre vanillé bourbon
  〔sykr vanije burbɔ̃〕
- 香草粉 Poudre de vanille〔pudr d(ə) vanij〕
- 即溶咖啡粉 Café soluble〔kafe sɔlybl〕

〔香精、糖漿、果醬類〕

- 香草棒 Gousses de vanille〔gus d(ə) vanij〕
- 香草精 Arôme naturel de vanille〔aro:m d(ə) vanij〕
- 杏仁精 Arôme d'amande〔aro:m d'amā:d〕
- 柳橙花精 Arôme fleur d'oranger
  〔aro:m flœ:r d'orā:ʒ〕
- 焦糖漿 Sauce au caramel sucrée
  〔sykr [o] karamɛ sykre〕
- 覆盆子濃縮糖漿 Coulis de framboise
  〔kuli d(ə) frãbwa:z〕
- 特級無花果醬 Confiture extra de figues
  〔kõfity:r ɛkstra d(ə) fig〕

〔佐粉類〕

- 吉利丁片 Gélatine en feuilles〔ʒelatin [ã] fœj〕
- 吉利丁粉 Gélatine alimentaire en poudre
  〔ʒelatin alimãtɛ:r [ã] pudr〕
  （或 agar agar〔agar agar〕）
- 發泡鮮奶油粉 Fixe chantilly〔fiks ʃãtiji〕
- 鏡面果膠粉 Nappage pour tarte〔napa:ʒ pu(:)r tart〕

〔堅果、乾果類〕

- 去皮榛果 Noisette décortiquée〔nwazɛt dekɔrtike〕
- 榛果粉 Poudre de pralin〔pudr d(ə) pra[ɑ]lẽ〕
- 整顆杏仁 Amande〔amã:d〕
- 杏仁片 Amandes effilées〔amã:d efile〕
- 杏仁粉 Poudre d'amande〔pudr d'amã:d〕
- 整顆開心果 Pistache verte〔pistaʃ vɛrt〕
- 開心果碎 Pistaches torréfiées〔pistaʃ tɔrefje〕
- 去皮核桃 Cerneaux de noix〔sɛrno d(ə) nwa[ɑ]〕
- 葡萄乾 Raisin sec〔rɛzẽ sɛk〕
- 黃杏李子乾 Abricot sec〔abriko sɛk〕
- 黑棗 Pruneaux〔pryno〕
- 栗子 Châtaigne ／ Marron〔ʃatɛɲ ／ ma[ɑ]rõ〕

〔其他食材〕

- 圓米 Riz rond〔ri rõ〕
- 乳酪，起司 Fromage〔frɔma:ʒ〕
- 茄子 Aubergine〔obɛrʒ〕
- 蝦子 Crevette〔kərvɛt〕
- 煙燻鮭魚 Saumon fumé〔somõ fyme〕
- 燻肉 Lardon fumé〔lardõ fumé〕
- 橄欖 Olives〔ɔli:v〕
- 鯷魚 Anchois〔ãʃwa〕
- 香腸 Saucisse〔sosis〕
- 火腿 Jambon〔ʒãbõ〕
- 韭蔥 Poireaux〔pwaro〕

〔水果、果汁類〕

- 檸檬 Citron〔sitrõ〕
- 柳橙 Orange〔ɔrã:ʒ〕
- 櫻桃 Cerise〔s(ə)ri:z〕
- 草莓 Fraise〔frɛ:z〕
- 西洋梨 Poire〔pwa:r〕
- 黃香李 Mirabelle〔mirabɛl〕
- 蘋果 Pomme〔pɔm〕
- 藍莓 Mytille〔mirtil〕
- 覆盆子 Framboise〔frãbwa:z〕
- 杏桃 Abricot〔abriko〕
- 桃子 Pêche〔pɛʃ〕
- 柳橙汁 Jus d'orange〔ʒy d'ɔrã:ʒ〕
- 檸檬汁 Jus de citron〔ʒy d(ə) sitrõ〕

註：õ、ã、ɛ̃ 等發帶 n 的鼻音。
　　音標小括弧裡的 (ə)、[ɑ]、[ɛ] 裡的字母有些發音，有些則不發音。

糕點製作步驟，附法語和音標

- **分開蛋白與蛋黃** Séparer jaune et blanc d'œufs〔separe ʒɔ:n (e) blã d'œf〕
- **用攪拌器打發** Fouetter au Batteur〔fwe[ɛ]te [o] batœ:r〕
- **繼續打發** Continuer à battre〔cõtinɥe [a] batr〕
- **融化奶油** Faire fondre le beurre〔fɛ:r fõ:dr l(ə) bœ:r〕
- **預熱牛奶** Préchauffer le lait〔preʃofe l(ə) lɛ〕
- **麵粉過篩** Tamiser la farine〔tamize la farin〕
- **奶糊過篩** Passer au chinois〔pɑse [o] ʃinwa〕
- **撒上麵粉** Saupoudrer la farine〔sopudre la farin〕
- **滾成長棍狀** Rouler la pâte comme un bâtonnet en bois
  〔rule la pɑ:t kɔm œ̃ batɔnɛ ã bwa [ɑ]〕
- **滾圓** Mettre en boule〔mɛtr [ã] bul〕
- **擀摺麵團** Abaisser et Replier la pâte〔abe[ɛ]se [e] r(ə) plie la pɑ:t〕
- **烤模塗上奶油** Beurrer le moule〔bœre l(ə) mul〕
- **加入蛋黃和糖** Ajouter le jaune d'œuf et le sucre〔aʒute l(ə) ʒɔ:n d'œf (e) l(ə) sykr〕
- **用打蛋器混合** Mélanger au fouet〔melã:ʒ [o] fwɛ〕
- **混合加入麵粉** Incorporer la farine〔ɛ̃kɔrpɔre la farin〕
- **倒入奶油** Verser le beurre〔vɛrse l(ə) bœ:r〕
- **洗淨蘋果** Laver la pomme〔lave la pɔm〕

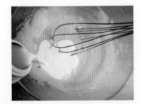

- 蘋果去皮 Peler la pomme〔p(ə)le la pɔm〕
- 杏桃去籽 Dénoyauter les abricots〔denwajote lez abriko〕
- 切成薄片 Couper en tranches〔kupe [ã] trã:ʃ〕
- 切成小丁 Couper en cubes〔kupe [ã] kyb〕
- 放入冷藏（冷凍）Placer au refrigérateur（congélateur）

  〔plase [o] refriʒeratœ:r〕〔kɔ̃ʒelatœ:r〕
- 蓋上保鮮膜靜置 Filmer et laisser reposer〔filme [ə] le[ɛ]se r(ə)poze〕
- 預熱烤箱 Préchauffer le four〔preʃofe l(ə) fu:r〕
- 烤盤鋪上烘焙紙 Poser le papier de cuisson sur la plaque pâtisserie

  〔poze l(ə) papje d(ə) kɥisɔ̃ syr la plak pa[ɑ]tisri〕
- 倒入烤模裡 Verser dans un moule〔vɛrse dã œ̃ mul〕
- 裝入有擠花嘴的擠花袋中 Mettre dans d'une poche munie d'une douille

  〔mɛtr dã d'yn pɔʃ myni d'yn duj〕
- 將麵糊（鮮奶油）擠花成型 Dresser la pâte（crème）〔dre[ɛ]se la pɑ:t〕〔krɛm〕
- 刷上蛋黃 Dorer au pinceau avec du jaune d'œuf〔dore [o] pɛ̃so avɛk dy ʒo:n d'œf〕
- 放入烤箱烤 45 分鐘 Mettre au four 45 minutes〔mɛtr [o] fu:r karã:t sɛ̃:k minyt〕
- 移出烤箱 Sortir du four〔sɔrti:r dy fu:r〕
- 靜放冷卻 Laisser refroidir〔le[ɛ]se r(ə)frwa[ɑ] di:r〕
- 脫模 Démouler〔demule〕

註：ɔ̃、ã、ɛ̃ 等發帶 n 的鼻音。
　　音標小括弧裡的 (ə)、[ɑ]、[ɛ] 裡的字母有些發音，有些則不發音。

Part 2

新手製作須知與注意事項

不論新手或達人，
製作糕點前詳讀製作須知和注意事項，並注意每道甜點的小叮嚀和小撇步，
製作起來就能更加得心應手，提高成功的機率。

新手製作須知

1. 製作糕點前須詳讀材料配方、製作方法和步驟，可降低或避免過程中的失敗率。

2. 製作前先準備好材料配方，一一過秤分配好，才不會在過程中手忙腳亂。

3. 製作前將所需的烘焙器具先準備好，製作起來才會比較順手。

4. 糕點的材料和配方多一分少一分皆不可，必須講求精準。

5. 製作糕點的麵粉種類分為：低筋麵粉、中筋麵粉、高筋麵粉。低筋麵粉一般用於餅乾和蛋糕製作上；中筋麵粉適用於饅頭、包子和麵食類等中式糕點；高筋麵粉則用於土司或麵包上。

6. 糕點製作一般以低筋麵粉（Type45）為主，有些配方則需要用到高筋麵粉（Type55）。法國並沒有販賣中筋麵粉，若需用到中筋麵粉，只要將低筋和高筋麵粉以同等比例混合即成。

7. 製作糕點使用的雞蛋以中型蛋為佳，一顆約重 60 公克。

8. 製作前須將所有粉末類材料，事先用網篩篩去多餘雜質。

9. 液態鮮奶油必須放置冷藏冰涼後，再行製作打發成發泡鮮奶油。

10. 固體奶油可在製作前半個小時拿出冷藏靜置放軟，使其較容易攪拌混合與製作。

11. 烘烤前應先在模具上塗一層薄奶油，烘烤後才較易脫模。如果模具已鋪上烘焙紙，則不需再塗奶油。此舉可讓烤盤在烘烤後比較不易沾黏，也較容易清理。

12. 烘烤時，除非有另外註明烤盤的層面，一般都將烤盤置於烤箱中間那一層烘烤。

13. 製作糕點的同時，必須依照書中食譜所註明的烘烤溫度，提前預熱十分鐘，好讓製作好待烘烤的糕點可以立刻放入烤箱烘烤。

14. 糕點在烘烤未成熟前，盡量避免打開烤箱觀察熟透度，以免因空氣冷熱交替致使糕點變塌，影響蓬鬆和外型美觀。

15. 家家烤箱的溫度差異各有不同，若未到達糕點烘烤時間且糕點還未熟透，但糕點已著色太深，可放一張鋁箔紙蓋在烘烤的糕點上，使其不易著色太快，直到烘烤時間完成。

16. 烘烤完成移出烤盤時，記得要戴上隔熱手套，以免燙傷。

2-2 新手注意事項

1. 法式戚風蛋糕移出烤箱後將烤模倒扣放涼，再行脫模。脫模時先用刀子沿著烤具與蛋糕邊緣劃一圈，再將刀子插入蛋糕底部的中間以順時鐘方向輕轉一圈便可脫模。

2. 其他糕點則請依照製作程序的指示，馬上倒扣脫模或放涼後再脫模。

3. 法式戚風蛋糕可在室溫下保存三天，若想保存更久，可將蛋糕用密封塑膠袋包好後放入冷凍，約可保存兩星期，食用前一天再拿出退凍即可。

4. 打發蛋白前滴入幾滴濃縮檸檬汁或白醋再行打發，可消除蛋白的腥味。

5. 打發蛋白發泡時，先打至軟性發泡後再加入細砂糖比較不容易消泡，再繼續打發至想要的發泡程度或硬性發泡。

6. 打發發泡鮮奶油時，在另一只大缽裡放入冰塊隔冰打發，可縮短打發的時間，也較容易打發發泡鮮奶油。

7. 融化無鹽奶油時，可利用微波爐加熱一分鐘使其軟化或融化，也可使用隔水加熱的方式將固狀奶油融化成液狀。

8. 隔水加熱融化固體奶油或塊狀巧克力時，請準備一大一小的深鍋。在大型深鍋中裝入過半的水，再放上另一只小型深鍋，將材料切成或分成小塊狀放入小鍋，以中火煮沸大型深鍋裡的水，一邊將固體奶油或塊狀巧克力用打蛋器或木棒攪拌融化成液狀，即可製作糕點。

9. 固狀無鹽、半鹽奶油放在室溫軟化後，想知道到底是否夠軟，可用手指戳入奶油中測試，若輕易就戳入表示已經軟化完成。

10　煮焦糖漿時，若怕焦糖太快硬化，加入幾滴白醋或濃縮檸檬汁就比較不易凝
　　結變硬。

11　將奶油餡料或發泡鮮奶油等材料放入擠花袋時，旁邊可擺放一個小型圓筒量
　　杯，並將擠花袋放入圓筒量杯中翻開，再將餡料裝入擠花袋裡。

12　烤盤上或深鍋中若沾上焦糖洗不乾淨時，可用熱水浸泡一會，再用濕布來回
　　擦洗，即可輕易清除烤盤上或深鍋裡的焦糖。

13　清洗布製擠花袋時，可滴入幾滴白醋再加入洗碗精清洗，比較容易去除油脂
　　好清洗。

14　請保持不急不徐的態度和愉悅的心情製作糕點，成功率較高。

15　手邊如果沒有計量器或量秤，可用簡易衡量糕點基本材料的方法。

　　以歐美國家的湯匙和茶匙作為計量單位如下：

- 1 湯匙平匙油脂類　　　　　約 15g
- 1 湯匙平匙液態牛奶類　　　約 15g
- 1 湯匙平匙麵粉類　　　　　約 10g
- 1 湯匙尖匙麵粉類　　　　　約 25g
- 1 湯匙平匙可可粉　　　　　約 5g
- 1 咖啡匙平匙細砂糖　　　　約 5g
- 1 咖啡匙平匙糖粉　　　　　約 5g
- 1 咖啡匙平匙食鹽　　　　　約 5g

Part 3

法國甜點基本功

寫給初學者新手打好糕點製作基礎的入門功夫。

從零開始學習法國糕點製作的基礎知識和操作方法。

基礎打好就等於成功了一半，透過詳細的圖解步驟說明，

不論是初學者還是甜點達人，都可在糕點製作過程中得到極大助益。

3-1

如何分開蛋白與蛋黃

Séparer jaune et blanc d'œufs

材料

• 蛋數顆 • 三個小碗

作法

1 準備好需要的蛋量,取三個小碗備用。

2 將全蛋在碗緣輕敲一下。

3 用大拇指輕輕扳開已敲出小洞的全蛋。

4 扳開後將蛋白倒在空碗中。

5 順勢將蛋黃倒入另一半空蛋殼裡,再將蛋白慢慢倒入裝有蛋白液的碗裡。

6 將倒完蛋白液的蛋黃放入另一個空碗中(或裝有蛋黃的碗中)。

7 蛋殼則放在另一個空碗裡,繼續重複以上動作分開所有全蛋的蛋白和蛋黃。

小叮嚀

若遇到品質不良的蛋,可先將蛋敲開放入盤中,再小心用湯匙將蛋黃舀起,以分開蛋白和蛋黃。

3-2

如何打發蛋白
Blanc en neige

份　　量：約 350 克
難易度：★ ☆ ☆

蛋糕製作基礎中最重要的一環就是打發蛋白。蛋白發泡與不發泡對蛋糕體膨脹和蓬鬆與否影響很大，好好跟隨本文作法和步驟圖學好這道基礎功吧。

　　製作蛋糕的雞蛋最好是常溫，若是剛從冰箱拿出來的雞蛋，可以在室溫中放幾分鐘之後再分開蛋黃和蛋白，打發蛋白。

　　蛋白發泡分為軟性發泡和硬性發泡，法式的製作方式是蛋白用電動攪拌器以順時針方向打發，未加糖前打發至軟性發泡（攪拌棒倒立時，蛋白泡沫呈垂下狀）。加入細砂糖後繼續打發至硬性發泡（攪拌棒倒立時，蛋白泡沫如刺蝟般直立不移），接著即可用打發泡的蛋白製作其他糕點。

材料
• 125g 細砂糖　• 4 顆蛋白

作法
1　鋼鍋裡放入蛋白。
2　用電動攪拌器以順時針方向打至軟性發泡（約 2 分鐘）。
3　一次性加入細砂糖，一邊加入一邊繼續攪拌打發。
4　將蛋白和細砂糖攪打至混合（手勁上感覺越來越難攪動）。
5　繼續打發至硬性發泡，即可用來製作其他糕點。

※ 如何分辨發泡蛋白的軟性與硬性發泡

軟性發泡：蛋白未加入細砂糖前用電動攪拌器以中速攪拌打發蛋白呈有型狀，用打蛋器的攪
　　　　拌棒挖一些蛋白倒放，蛋白的尖端呈彎曲狀態。

硬性發泡：蛋白打發至軟性發泡後加入細砂糖，用電動攪拌器以高速攪拌打發蛋白呈有型狀，
　　　　用打蛋器的攪拌棒挖一些蛋白倒放，蛋白的尖端呈刺蝟狀挺直。

法式烤蛋白糖霜
Meringue française

份　　量：約 35~40 個
難易度：★ ☆ ☆
烤箱溫度：100 ℃
烘烤時間：1 小時

材料
• 125g 細砂糖　• 4 顆蛋白

作法

1　打成硬性發泡的蛋白放入裝有平口小圓嘴擠花袋中。

2　烤盤鋪上烘焙紙。

3　蛋白糖霜擠成約 10 元硬幣的小圓狀。

4　放入 100℃預熱好 10 分鐘的烤箱烘烤 1 小時。烤好移出烤箱放涼後小心脫模，即可食用。

小叮嚀

1　一般家庭並沒有電動攪拌器，不怕手痠的話可用打蛋器打發。手打的蛋白無法與電動攪拌器打出來的質感相比，建議讀者可買一台電動攪拌器，可省下很多時間和精力。

2　法式烤蛋白糖霜完全涼透後，收在鐵盒裡放置陰涼處可保存 1 到 2 個月。

義式發泡蛋白

| 份　量：約 250 克 |
| 難易度：★ ★ ☆ |

Meringue italienne

由打發至軟性發泡的蛋白與煮沸後的濃稠糖漿混合，一邊攪打直到蛋白糖糊冷卻的熟糖發泡蛋白。製作過程比法式發泡蛋白複雜些，也不適合烘烤成像法式蛋白糖霜的烤蛋白糖霜，因為攪拌好的蛋白糖糊濕度較重，烘烤後的蛋白放幾個小時後容易潮化易沾黏，只適用於檸檬蛋白塔上的蛋白糖霜裝飾或慕斯類內餡的混合蛋白等。

材料
• 3 顆蛋白　• 195g 細砂糖　• 70g 水

作法
1　深鍋裡放入細砂糖和水。
2　不必攪拌讓它自然融化，但可左右搖晃深鍋加速融化速度（一邊準備打發蛋白至軟性發泡）。
3　當糖水開始變濃稠轉為糖漿時，在開始著色前離火。
4　將蛋白用電動攪拌器打發成軟性發泡。
5　慢慢一邊加入少許糖漿，一邊繼續用電動攪拌器攪打直到糖水完全倒完。
6　攪打至糖漿完全冷卻為止。
7　用於製作其他糕點。

小叮嚀

煮糖水的同時，可先將蛋白打發成軟性發泡，因為糖水煮過變濃稠後靜置
一會就會開始凝固，所以必須兩邊同時進行製作。

3-4

法式戚風蛋糕

Génoise

<tbody>
<tr><td>份　　量：6 人份</td></tr>
<tr><td>難 易 度：★ ☆ ☆</td></tr>
<tr><td>烤箱溫度：180 ℃</td></tr>
<tr><td>烘烤時間：20~25 分鐘</td></tr>
</tbody>

起源於 18 世紀，以蛋為主原料，經過打發後混入砂糖、麵粉、蛋糕發粉。輕巧蓬鬆的戚風蛋糕的最大功用是當各式奶油蛋糕的主體蛋糕，或是作慕斯蛋糕類的底層或中間夾層，口味多變，有巧克力、咖啡、榛果、杏仁等不同風味的蛋糕體。

　　法式戚風與台式戚風蛋糕的製作方法有些許不同，台式戚風蛋糕的作法是蛋白和蛋黃分開後，蛋白未打發之前分三次加入砂糖一起攪打發泡；蛋黃裡加了糖、少許沙拉油、少許柳橙汁和泡打粉一起混合後，再和蛋白一起混合。這樣的作法對新手來說，在混合麵糊時一不小心就很容易失敗！因為麵糊裡的油和水分較多，容易影響蛋糕的膨脹度，一旦不小心把蛋白攪拌過度致使消泡後，很容易烤出表面蓬鬆內部卻黏在一起的蛋糕。因此法式戚風蛋糕對新手來說，只要照著程序製作，就算蛋白消泡了，還是能烤出蓬鬆的戚風蛋糕。

材料

- 125g 細砂糖　• 125g 低筋麵粉
- 3g 泡打粉（Levure chimique ／ baking powder）
- 4 顆蛋　• 奶油少許（塗烤具用）

作法

1 烤箱用 180℃的火溫預熱 10 分鐘。

2 在烤具上塗上少許奶油。

3 撒上少許麵粉,將多餘麵粉拍掉,或在底部鋪上圓形烘焙紙。

4 蛋黃和蛋白分開。

5 麵粉和泡打粉混合後過篩備用。

6 鋼鍋裡用電動攪拌器將蛋白打到軟性發泡。

7 加入細砂糖打發至硬性發泡。

8 加入蛋黃糊攪拌均勻。

9 過篩混好泡打粉的麵粉倒入蛋白麵糊中。

10 用木棒（或打蛋器、刮刀）輕慢地由下往上順時針方向混合均勻。

11 混合好的麵糊倒入烤具中抹平表面，送入已預熱好的烤箱烤 20 ～ 25 分鐘。

12 將烤好的蛋糕移出烤箱，倒扣在涼架或厚紙板上放涼。

13 用刀尖沿著烤模與蛋糕劃一圈。

14 小心撕開蛋糕底部的烘焙紙。

15 即可使用在其他糕點上。

小叮嚀

1 如果只想吃口味單純的戚風蛋糕，可在烤具上塗完奶油後撒上一些杏仁片，再倒入麵糊一起去烘烤，烤好馬上倒扣放涼。這單純的法式戚風蛋糕外圍包著微褐色的杏仁片吃起來特別香。夾層塗上果醬簡單又好吃，當早餐或小朋友下課後的午後小點皆宜。

2 法式戚風蛋糕的保存方式只要把蛋糕放涼後用塑膠袋包起來，放入冷凍庫可以保存兩星期。食用前一天放至冷藏退凍，吃起來還是跟剛烤出來的沒兩樣喔。

夾心餅乾蛋糕

Biscuit Joconde

份　　量：三片	
難 易 度：★ ☆ ☆	
烤箱溫度：250 ℃	
烘烤時間：6~7 分鐘	

介　於餅乾和蛋糕之間的基本蛋糕體，通常作為糕點的鋪底或夾層，如慕斯蛋糕的鋪底、圍邊或歐貝拉蛋糕的夾層等，使用範圍很廣，還可加入幾滴食用色素製作成其他顏色。在法國糕點製作中使用頻率算高，學會基本作法即可變換出各種類型的法式糕點。

材料

- 140g 細砂糖 　• 60g 杏仁粉 　• 25g 低筋麵粉
- 25g 無鹽奶油 　• 4 顆全蛋

作法

1　無鹽奶油放入微波爐中加熱 10 秒放涼備用。

2　烤盤鋪上烘焙紙備用。

3　4 顆全蛋，蛋黃和蛋白分開備用。

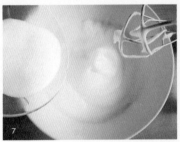  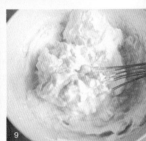

4 玻璃缽放上篩網，倒入杏仁粉、麵粉，依序過篩備用。

5 鋼鍋裡放入蛋黃，加入細砂糖，用打蛋器攪拌均勻。

6 加入放涼備用的無鹽奶油，繼續攪伴至細砂糖完全融化備用。

7 大缽裡放入蛋白，用電動攪拌器打至軟性發泡，加入 20g 細砂糖。

8 繼續攪打至硬性發泡。

9 蛋白混入蛋黃糊裡，輕輕由下往上順時針方向混合均勻。

10 加入過篩好的杏仁麵粉。

11 輕輕由下往上以順時針方向混合均勻。

12 倒入鋪好烘焙紙的烤盤中抹平。

13 放入以 250℃ 預熱好 10 分鐘的烤箱烘烤 6 ～ 7 分鐘。

14 移出烤箱放在涼架上冷卻。

15 再倒入剩餘的麵糊在鋪好烘焙紙的烤盤中抹平。

16 再放入以 250℃ 預熱好 10 分鐘的烤箱烘烤 6 ～ 7 分鐘。

17 移出烤箱放在涼架上冷卻。

18 把冷卻後的夾心餅乾蛋糕倒放，小心剝掉烘焙紙。

19 完全冷卻後即可使用。

小叮嚀

可做成如圖片中的薄片型，或製成法式戚風蛋糕的圓形厚蛋糕再橫切成薄片。

3-6

基本派皮

Pâte feuilletée

份　　量：4張
難 易 度：★ ★ ★

麵粉、鹽、無鹽奶油和水混合製成麵團，再包住軟化後塊狀的無鹽奶油，擀摺幾次後，將奶油麵團放置於冷藏庫醒麵半小時，冷藏後形成有層次感的千層麵團。製作過程雖然耗時，但可一次做好幾份，分切後用保鮮膜包好裝在密封袋裡存放在冷凍庫，可保存 1 ～ 2 個月，需要時前一天拿出退凍即可使用。

　　台灣和法國都能輕易在西點店和食品專賣店或大型超市找到現成派皮，倘若工作忙碌沒時間或不想大費周章製作，可買現成的使用。自己製作的派皮與賣場賣的口感上還是有差別，尤其烘烤後外表呈現的千層質感更是買來的現成派皮無法比擬的。讀者有空可花點時間自製這道基本派皮，一回生二回熟，就算新手也能做出好吃有質感的千層派皮。

材料

- 500g 中筋麵粉　• 10 g 食鹽
- 125g 無鹽奶油　• 250g 水
- 250g 無鹽奶油

作法

1　食鹽、水、麵粉和 125g 無鹽奶油切成小塊後備用。
2　另外 250g 無鹽奶油放室溫靜置軟化。

3　中筋麵粉加食鹽混合後，加入切成小塊的奶油混合。

4　倒入全部的水。

5　用手拌勻混合，直到成為麵團。

6　用保鮮膜包好麵團，靜置冷藏讓麵團醒 15 分鐘。

7　麵團醒好後，在麵團中央用刀劃上十字，把麵團的四角扳開成十字型。

8　將軟化的 250g 無鹽奶油稍微壓扁一下。

9　放在擀成十字的麵團中間。

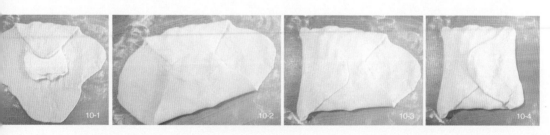

10　由上往下把麵皮蓋住奶油。由下往上把麵皮蓋住奶油。再由左往右把麵皮蓋住奶油。
　　最後由右往左把麵皮蓋住奶油（圖 10-1 ～ 10-4）。

11　包好麵團後稍壓一下麵團，把麵團擀成長條狀。

12　擀成寬 25cm、長 70cm 的長條狀。若會沾黏擀麵棍，可撒上少許麵粉，盡量別把麵團擀破。

13　由上往下摺。

14　由下往上摺。

15　翻轉麵團開口在左手邊。

16　再將麵粉擀成長條狀。

17　由上往下摺。

18　由下往上摺。

19　把麵團用保鮮膜包住放入冰箱冷藏醒 15 ～ 30 分鐘。

20 拿出麵團，拿開保鮮膜，開口在左手邊，依同樣方式再擀摺一次。

21 擀成長條形。

22 由上往下摺。

23 由下往上摺。

24 再將麵團用保鮮膜包住放入冰箱冷藏醒 15 ～ 30 分鐘。

25 拿出麵團再依步驟 20 ～ 23 同樣的擀摺方式擀摺兩次後，將擀好的麵團對摺。

26 分切成四等份。

27 每份用保鮮膜包起來。

28 放入密封保鮮袋冷凍，需要時提前一晚拿出解凍，擀成需要的大小形狀使用。

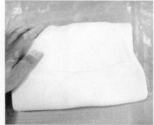

小叮嚀

1 記住派皮製作過程的口訣 212，也就是說分三次擀麵皮的次數，這樣比較不會搞錯。

2 每次擀摺後翻轉麵團，開口記得是在左手邊，如果搞錯，多少會影響派皮經烘烤的蓬鬆層次感。

◆ 3-6

基本鹹塔皮
Pâte brisée salée

份　　量	約10吋塔模
難易度	★ ☆ ☆
烤箱溫度	200 ℃
烘烤時間	15 分鐘

主要成分是以麵粉和奶油為主，分為鹹塔皮和甜塔皮兩種，特點是質地鬆脆順口。鹹塔皮用於鹹點，如洛林蛋塔、青蔥培根塔、煙燻鮭魚芝麻小餅等。甜塔皮則用在檸檬塔、巴黎蛋塔（也可用派皮）、藍莓塔等需要甜塔皮的糕點上。

使用圓形有底的塔模，一定要先烘烤 15 分鐘再加入其他餡料，再烘烤至完全熟透。若不先烘烤塔皮，造成內餡熟了塔皮卻還是生的或半熟，將影響成果和口感。這裡分別介紹鹹塔皮和甜塔皮的製作過程，只要照著順序操作，即可成功做出兩種不同的塔皮。

材料
- 250g 低筋麵粉　• 125g 無鹽奶油
- 125g 水　• 5g 食鹽

作法
1. 烤模鋪上烘焙紙。
2. 無鹽奶油切成小塊狀放在室溫軟化備用。
3. 大缽裡放入麵粉和食鹽混合均勻。

4　加入切小塊軟化的無鹽奶油。

5　用手稍微搓勻。

6　加入水用手混合均勻。

7　揉成表面光滑的圓形麵團，放入冰箱冷藏醒 20 分鐘。

8　在工作檯上撒點麵粉，放上麵團。

9　擀成想要的大小。

10　放入已鋪好烘焙紙的模具中，用擀麵棍壓滾去掉多餘的塔皮。

11　用叉子均勻叉上洞。

12　再放一張烘焙紙，均勻放上糕點專用烘焙石或黃豆。

13　送入 200℃預熱好 10 分鐘的烤箱烤 15 分鐘。

14　移出烤箱拿掉烘焙紙和烘焙石，即可放入其他材料
　　繼續製作成鹹點。

基本甜塔皮
Pâte brisée sucrée

份　　量：約10吋塔模
難 易 度：★ ☆ ☆
烤箱溫度：200 ℃
烘烤時間：15 分鐘

主要成分是以麵粉和奶油為主，分為鹹塔皮和甜塔皮兩種，特點是質地鬆脆順口。鹹塔皮用於鹹點，如洛林蛋塔、青蔥培根塔、煙燻鮭魚芝麻小餅等。甜塔皮則用在檸檬塔、巴黎蛋塔（也可用派皮）、藍莓塔等需要甜塔皮的糕點上。

　　使用圓形有底的塔模，一定要先烘烤15分鐘再加入其他餡料，再烘烤至完全熟透。若不先烘烤塔皮，造成內餡熟了塔皮卻還是生的或半熟，將影響成果和口感。這裡分別介紹鹹塔皮和甜塔皮的製作過程，只要照著順序操作，即可成功做出兩種不同的塔皮。

材料
- 250g 低筋麵粉　• 125g 無鹽奶油
- 100g 糖粉　• 1 顆全蛋

作法
1　烤模鋪上烘焙紙備用。
2　無鹽奶油切成小塊狀放在室溫軟化備用。
3　在大缽裡放入麵粉和糖粉。
4　加入切小塊軟化的無鹽奶油。

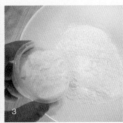

5 放入一顆全蛋。

6 用手攪拌均勻。

7 搓成表面光滑的麵團,若沾手可撒上少許麵粉整型。

8 在工作檯上撒點麵粉,擀成想要的大小。

9 放入已鋪好烘焙紙的模具中,用擀麵棍在平鋪好烘焙紙的塔模壓邊去掉多餘的塔皮。

10 用叉子均勻叉洞。

11 再放上一張烘焙紙,上面均勻放上烘焙石或黃豆。

12 送入 200℃預熱好 10 分鐘的烤箱烤 15 分鐘。

13 移出烤箱拿掉烘焙紙和烘焙石,即可放入其他材料繼續製作成甜點。

小叮嚀

1 如果鹹、甜塔皮麵團太軟不好整型,可放置冰箱冷藏 20 分鐘稍微變硬後,再擀成想要的形狀使用。

2 另可擀成一公分厚的方形,用卡通造型模子壓製後烘烤,就成為原味的奶油餅乾。

 3-7

手指餅乾

Biscuit à la cuillère

份　　量：約 20~25 根	
難 易 度：★ ☆ ☆	
烤箱溫度：130℃~180℃	
烘烤時間：25 分鐘	

顧名思義就是外型像手指的餅乾。由製作糕點的三要素，蛋、糖、麵粉混合製成，吃起來像餅乾又像蛋糕。主要當慕斯類甜點的基本舖底、中間夾層、外觀裝飾，如：各式夏洛特慕斯蛋糕的外圈裝飾、義大利經典甜點提拉米蘇的鋪底和夾層等。

　　放入糕點裡吸收慕斯的水氣，吃起來別有滋味，不僅可作糕點的配角，更是法國人在慶典宴會或家庭特殊節日的主角！許多法國人喝香檳時喜歡配上新鮮草莓和手指餅乾，因此又稱「香檳手指餅乾」。

材料

- 100g 細砂糖
- 100g 低筋麵粉
- 30g 糖粉　• 4 顆全蛋
- 30g 糖粉

作法

1　烤盤鋪上烘焙紙。

2　蛋白和蛋黃分開。

3　將蛋黃加入 50g 糖，用打蛋器攪打至發白。

4　加入 30g 糖粉混合均勻。

5　麵粉過篩，篩入混好的蛋糕中。

6　攪拌均勻備用。

7　鋼鍋裡將蛋白打發成軟性發泡後，加入 50g 細砂糖。

8　繼續打發至硬性發泡備用。

9　舀入一半的蛋白與蛋黃糊輕輕由下往上用蛋糕刮刀混合均勻。

10　再將混好蛋白的蛋黃糊倒入蛋白糊裡。

11　繼續小心地混合均勻。

12　擠花袋中放入大圓形
　　擠花嘴，將蛋糕裝入
　　擠花袋中。

13　擠成 1 字型後再往後擠倒 1，讓 1 字型變得圓潤，約中指寬 5 公分長。

14　均勻地在擠好 1 字型的麵糊上撒糖粉。

15　放入 180℃ 預熱 10 分鐘的烤箱烘烤 4 分鐘，火溫調至 130℃ 烘烤 20 分鐘。

16　移出烤箱後放涼用手扳離烘焙紙。

17　可用於其他糕點上。

小叮嚀

1　蛋糊與麵粉混合時切勿大力攪拌，會使蛋白消泡而
　　影響烘烤成果的外觀。

2　用圓形擠花嘴擠成稍斜的 1 字型，大小均勻一致
　　且分開間隔，烘烤膨脹時才不會黏在一起。

3　想變換成粉紅色手指餅乾，可在混合蛋黃糊時滴入
　　四滴紅色食用色素一起混合，再與蛋白混合均勻即
　　可成為粉紅色手指餅乾。

4　只想單純吃手指餅乾或有剩餘的手指餅乾，可在兩
　　片中間夾上果醬，就變成另一種簡易的午茶小點。

● 手指餅乾專用的大圓形擠花嘴

杏仁奶油餡
Frangipane

| 份　　量：約 500 克 |
| 難易度：★ ☆ ☆ |

杏仁粉、砂糖、蛋、奶油組合製成的奶油糖餡，最常用在國王派裡的內餡，也可作為乾果塔類的中間內餡。

這裡傳授一道法蘭西斯老師傅的好點子，利用兩片奶油土司做成的小點心，名叫杏仁奶油香脆夫人（Croque Madame à la frangipane）。作法是一片土司塗上杏仁奶油餡，另一片土司的中間用圓口杯的開口印上一個圓，再塗上杏仁奶油餡，但中間圓形部分不塗，撒上杏仁片，圓洞上放半顆罐頭桃子再去烘烤（那半顆桃子是有含義的，象徵女性胸部，所以才叫夫人），很適合當午茶點心。

材料
- 125g 無鹽奶油　• 125g 細砂糖
- 125g 杏仁粉　• 2 顆全蛋

作法
1　無鹽奶油放在常溫下軟化。
2　軟化後的無鹽奶油加入細砂糖。
3　用電動攪拌器攪打均勻。
4　加入兩顆全蛋繼續攪拌。
5　最後加入杏仁粉。
6　攪拌至均勻即可。

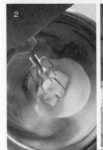
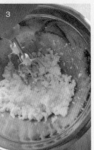

小叮嚀
奶油一定要置於室溫放軟化後再加入砂糖攪打至軟膏狀，再加入蛋黃、杏仁粉攪伴至完全融合。

3-9

杏仁糖麵團

Pâte d'amande

份　　量：約300g
難易度：★ ☆ ☆

法 式糕點中，杏仁糖麵團經常使用於蛋糕裝飾或作小茶點。傳統的製作方式以杏仁
粉和糖粉過篩後，加入少許清水、幾滴杏仁精提味，就是杏仁味濃厚的原味杏仁
糖麵團。除了杏仁原味外，還可用柳橙花精、蘭姆酒、櫻桃酒等替換。

材料
• 150g 杏仁粉　• 150g 糖粉
• 30g 水　• 2 滴杏仁精

作法
1　杏仁粉與糖粉過篩。
2　用湯匙混合均勻。
3　加入水。
4　加入杏仁精。
5　用手搓揉混合均勻。
6　揉成光亮的糖麵團（若糖麵團有點乾，可適度再加入少許水搓勻），即可用於製作和裝飾糕點。

小叮嚀

1 若想變換成其他顏色，可在步驟 4 時滴入 4 ～ 6 滴想要顏色的食用色素，
   與水和其他液態材料一起混合即可。

2 也可將過篩後的杏仁糖麵粉分成 75g 兩等份，將每種基本材料分對半個別
   加入混合。若分為三等份，杏仁糖麵粉分成 50g 三份，各自加入 10g 的水、
   檸檬汁、杏仁精、2 滴食用色素，個別製作成不同顏色的杏仁糖麵團。

3 製作好的杏仁糖麵團若一時用不完，可用保鮮膜包起來放入密封袋裡置於
   常溫或冷藏保存一段時間。

杏仁糖小點心

Amuse bouches à la pâte d'amande

份　　量：約 40 個
難 易 度：★ ★ ☆

以杏仁糖麵團為主要材料變化而成的杏仁糖麵小茶點。大家可以依照這個基本配方將製作好的糖麵，再比照捏黏土、捏麵人的原理發揮想像力，變化成各種外型的杏仁糖小點心，如玫瑰花、小蘋果、櫻桃等。

材料

• 150g 原色杏仁糖麵團 • 150g 綠色杏仁糖麵團
• 10 顆杏桃乾 • 10 顆去籽黑李 • 少許黑色、金色葡萄乾
• 半顆蛋白 • 100g 糖粉或細砂糖 • 半顆檸檬汁（或檸檬濃縮汁）
• 4 滴紅色食用色素

作法

1　準備好綠色和原色杏仁糖麵團。
2　將麵團剝成 40 份，搓成類似小湯圓形狀，準備杏桃乾、黑李乾各 10 顆備用。
3　將杏桃乾與去籽黑李乾對切，但不要切斷（圖 3 〜 3-2）。

4　將小圓形的杏仁糖麵搓成約兩公分的長條形，塞入杏桃乾與黑李乾，呈熱狗漢堡狀。

5　用刀子左三刀右三刀劃上交叉刀痕，即成為小熱狗杏仁糖麵點心。

6　將小圓形杏仁糖麵用大拇指和食指捏成小方形備用（圖 6 ～ 6-1）。

7　鋼鍋裡放入糖粉和半顆蛋白。

8 隔水加熱用打蛋器攪拌均勻。

9 加入檸檬汁攪拌均勻。

10 滴入 4 滴紅色色素繼續攪拌至完全混合均勻。

11 將小四角形的杏仁糖麵沾上少許紅糖漿。

12 放在鋪好烘焙紙的烤盤上。

13 在上方裝飾上黑色、金黃色葡萄乾。

14 靜置到杏仁糖麵團稍微變硬，裝飾用的紅糖霜完全
凝固後即可裝盤食用。

小叮嚀

1 杏仁糖小點心做好隔天再食用風味較佳，若吃不完可放入以 130℃ 預熱好 10 分鐘的烤箱內
烘烤 5 分鐘，移出烤箱放涼後再裝入鐵盒放置於陰涼不受潮的地方保存，可保存約一星期。

2 裝飾用葡萄乾也可換成核桃、巧克力豆等做變化。

Amuse bouches à la pâte d'amande

3-10

發泡鮮奶油
Crème Chantilly

份　　量：約 275 克
難 易 度：★☆☆

起源於 17 世紀，由法國名廚瓦泰爾（François Vatel）所發明。由冰涼的液態鮮奶油加入少許香草糖粉及細砂糖或糖粉，用電動攪拌器攪打成發泡的鮮奶油。經常用於裝飾蛋糕的外觀、泡芙的夾餡、冰淇淋的裝飾、慕斯蛋糕的混合內餡及冷熱咖啡上。

　　保存期限非常短，不易保存，適合現打現用，除非加入打發鮮奶油的專用粉，放入冷藏庫至少能多保存 1 ～ 2 天，但口感上有點油膩，還是現打的發泡鮮奶油新鮮好吃！

材料
• 250g 液態鮮奶油（25cl）
• 25g 糖粉（或細砂糖）

作法
1　液態鮮奶油放入冰箱冷藏一個晚上備用。
2　大鋼鍋放入 200 克水。
3　再放上中型大盅。

4　放進冷凍庫冰上一個晚上，或在大鋼鍋裡放上冰塊，再放上中型鋼鍋。

5　將冷凍好冰鎮大缽移出冷凍庫。

6　倒入冷藏後的液態鮮奶油，加入糖粉或細砂糖用電動攪拌器以中速攪打。

7　攪打幾分鐘之後開始變有型。

8　繼續打發至完全發泡為發泡鮮奶油狀為止。

9　可用於其他糕點上，或裝入擠花袋中為糕點做造型。

  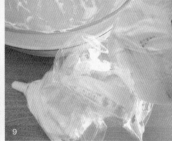

小叮嚀

1　液態鮮奶油一定要冰涼後再打發，不然會無法發泡。

2　也可在倒入液態鮮奶油後，加入打發液態鮮奶油的專用粉（Fixateur pour crème chantilly），
　　比較不容易失敗。

英式香草奶黃淋醬
Crème anglaise

份　量：4人份
難易度：★☆☆

蛋黃、牛奶、糖混合著香草製作而成的液態淋醬。法國人食用淋醬的方式是冰涼後淋在糕點上或是當成鋪底的醬汁，傳統上，必須帶有濃厚的香草味。

法國糕點中，使用到香草奶黃淋醬的有漂浮島、夏洛特等幕斯蛋糕、巧克力蛋糕，或口感較乾的蛋糕等。除了香草口味，還可加入蘭姆酒或巧克力。

材料
- 600g 牛奶 　• 80g 細砂糖 　• 4 顆蛋黃
- 1 根香草棒（或兩包香草糖包、5g 香草精）

作法
1　深鍋裡放入牛奶。
2　香草夾切成兩半用刀子刮起香草籽。
3　放入牛奶中。
4　將香草牛奶加熱。

5 鋼鍋裡放入蛋黃。

6 加入細砂糖用打蛋器混合打發變白。

7 將煮沸後的香草牛奶分兩次加入混合均勻。

8 再倒回深鍋裡繼續攪拌。

9 加熱至帶稀稠後離火。

10 過篩。

11 放涼冷卻，移入冷藏冰涼後即可用在糕點其他用途上。

小叮嚀

1 想知道英式香草奶黃淋醬的濃稠度，可以用湯匙舀一匙起來順勢倒下，若比液
　態鮮奶油的濃稀度還要再濃稠點就可以了。

2 手邊沒有香草棒，可用香草粉或香草精代替。喜歡蘭姆酒味的，在起鍋前倒入
　幾滴混合一下即可。

奶黃餡

Crème pâtissière

份　量：約350克
難易度：★☆☆

又稱蛋黃奶油醬或卡士達醬，由牛奶、糖、玉米粉和蛋黃製作而成。多用於糕點的夾餡，如：千層派、泡芙、歐貝拉、奶油慕斯醬等。原味奶黃餡為香草口味，在製作的過程中加入香草精或香草夾裡的香草籽刮起後放入牛奶一起加熱、過篩，再混入蛋黃麵糊一起加熱煮至濃稠即成為香草奶黃餡。

除了香草風味的奶黃餡外，另可變化製作成咖啡、巧克力等口味。法國超市的麵粉糕點材料櫃，有販賣一種類似台灣糕點材料行販售的美式卡士達粉，調配成略帶香草味的法式卡士達粉，可代替玉米粉用於製作蛋塔內餡和奶黃餡，調配的奶黃餡糊較香濃且味道較好。

材料
- 250g 牛奶　• 50g 細砂糖
- 30g 玉米粉（或卡式達粉）
- 1 個蛋黃

作法
1　牛奶放到深鍋裡用中火預熱，不要
　　煮到沸騰。
2　在另一個缽中放入細砂糖、玉米粉
　　（或卡式達粉）混合均勻。

3　加入少許預熱中的牛奶混合均勻。

4　加入蛋黃。

5　一起混合均勻。

6　倒入剩下的牛奶和混合好的蛋黃粉糊混合均勻。

7　倒回深鍋繼續加熱鍋中的奶糊。

8　用打蛋器不停攪拌，直到麵糊變稠為止。

9　離火放涼。

小叮嚀

1　在步驟 7 要不斷攪拌，否則沉在鍋底的玉米澱粉容易結塊變焦。

2　可斟酌糕點製作上所需要的濃稠度，要稀一點的，第一時間煮滾時，離火攪拌均勻；要硬一些的，則可以在煮滾後繼續在火爐上急速攪拌至想要的程度，然後離火放涼，用於製作其他糕點。

3　製作好用不完的奶黃餡切勿冰入冰箱冷凍，以免退冰後影響口感。

4　剩下的奶黃餡可裝入小型冰淇淋杯或玻璃杯中，先鋪上切丁新鮮水果丁如草莓、奇異果、鳳梨、芒果等，再放上奶黃餡並擠上發泡鮮奶油，即是時下流行的奶黃醬新鮮水果杯。

3-13

奶油餡

Crème au beurre

份　量：約 500 克
難易度：★★☆

無鹽奶油、糖、蛋黃製成的蛋糕夾餡。常使用在糕點中間夾層內餡或蛋糕裝飾上，或以奶油餡為主體再變換成不同口味的奶油餡，例如加入少許奶黃餡就變成輕奶油奶黃餡，或混入咖啡、巧克力、榛果等不同口味和顏色的食用色素作變化，可當耶誕節木柴蛋糕的夾層或裝飾，以及摩卡咖啡蛋糕及各式蛋糕等的塗醬和裝飾奶油。

材料
• 200g 無鹽奶油　• 120g 細砂糖　• 30g 水　• 3 顆蛋黃

作法
1　無鹽奶油放入微波爐加熱 10 秒鐘成軟膏狀。
2　深鍋裡放入細砂糖和水，用中火煮滾至濃稠後離火。
3　鋼鍋裡放入 3 顆蛋黃，加入滾稠的糖水，邊用電動攪拌器打至蛋糖水完成冷卻（圖 3&3-1）。
4　加入軟膏狀的無鹽奶油繼續攪拌打發至均勻。
5　即可用於製作其他糕點。

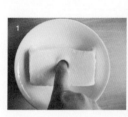  

小叮嚀
若想加入其他口味的材料，請在步驟 5 混入奶黃餡、融化的巧克力醬、濃縮咖啡粉水或食用色素等，混合均勻即可變換口味。

3-14

原味奶油慕斯林醬
Mousseline

份　　量：約 225 克
難 易 度：★ ☆ ☆

奶黃餡和無鹽奶油混合製成的奶油醬。經過電動攪拌器均勻攪拌，無鹽奶油與奶黃餡完全融合在一起，成為口感綿密入口即化的慕斯般奶油醬。經常用在蛋糕的夾心餡或糕點表層的外部抹醬、擠花用的裝飾奶油，也可隨個人喜好變換成不同口味的糕點配方或奶油慕斯林醬，如歐貝拉的咖啡慕斯林醬、耶誕節巧克力木柴蛋糕的巧克力慕斯林醬等。

材料
- 100g 奶黃餡（請參照「3-12 奶黃餡」的製作方法）
- 125g 無鹽奶油

作法
1 無鹽奶油放在室溫下軟化備用。
2 軟化後的無鹽奶油用電動攪拌器攪拌均勻（若想甜一點，可在這時依個人口味輕重，加入少許糖粉）。
3 拌入一份準備好放涼的奶黃餡。
4 用電動攪拌器攪打混合。
5 攪拌至完全混合均勻。
6 即可用於製作糕點。

巧克力奶油慕斯林醬

Mousseline au chocolat

份　　量：約225克
難易度：★☆☆

材料

- 100g 奶黃餡
  （請參照「3-12 奶黃餡」的製作方法）
- 125g 無鹽奶油
- 100g 黑巧克力

作法

1　無鹽奶油放在室溫下軟化備用。
2　鋼鍋內放入扳成小塊的黑巧克力。
3　隔水加熱邊攪拌使其融化。
4　完全融化後離火放涼備用。

5 軟化後的無鹽奶油用電動攪拌器攪拌均勻，拌入一份準備好放涼的奶黃餡。

6 用電動攪拌器攪打混合均勻。

7 慕斯林醬糊拌入放涼的黑巧克力糊用電動攪拌器攪拌均勻即可（圖 7～7-2）。

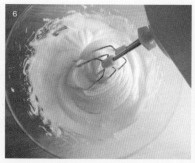

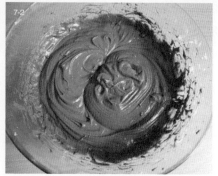

小叮嚀

1 奶黃餡與巧克力醬需完全冷卻後才能與軟化後的無鹽奶油一起攪拌混合。

2 若想製作成咖啡或台灣流行的抹茶口味，可將兩湯匙的濃縮咖啡粉或綠茶粉加入
50g 細砂糖和 30g 熱開水混合均勻成為濃縮糖漿放涼，再與調好的奶油慕斯林醬
一起混合均勻，即是不同口味的慕斯林醬。

 3-15

焦糖漿

Sauce au caramel

份　　量：約 200 克
難易度：★ ☆ ☆

細砂糖加水煮至高溫沸騰，成為焦糖色的微稠焦糖漿。一般作為法式糕點的配醬或淋醬，例如焦糖烤布丁的鋪底焦糖、漂浮島的焦糖淋醬，也可混在奶油醬中成為蛋糕夾層，或焦糖風味的焦糖奶油醬，或是蘋果派旁的裝飾醬。

　　用途廣泛，只要讀者喜歡焦糖漿的味道，都可以運用在糕點的配料與裝飾上。我曾經將它拌入原味優格和原味白乳酪（Fromage blanc），也很對味喔。所以大家可憑個人喜好，運用自己的味蕾去尋找適合它的配對糕點。

材料
- 125g 細砂糖　• 35g 水
- 少許白醋或檸檬汁
- 40g 熱水

作法
1. 深鍋裡放入細砂糖，水用中火煮沸，不要攪拌使其自然溶解。
2. 加入幾滴白醋使其不易太快焦化變硬。
3. 用中火加熱，左右搖晃煮沸。
4. 直到變成焦糖色，馬上倒入熱水繼續加熱，並用木棒快速攪拌均勻。
5. 放涼備用。

小叮嚀

1　只要變成焦糖色立刻加入熱水，這時糖漿會沸騰起滾泡，請立即攪拌混合均勻。
　　若不加入熱水混合，冷卻後的焦糖漿會變硬而不是流動的糖漿（例如聖多諾黑
　　的焦糖漿和法式焦糖烤布丁都不用另外在步驟 4 加水）。

2　放涼後的焦糖漿可裝入空的果醬瓶或玻璃瓶中冷藏，需要時再拿出運用即可。

3-16

覆盆子淋醬

Coulis de framboises

份　　量：4人份
難 易 度：★ ☆ ☆

法式甜點的重要配角。新鮮或冷凍覆盆子加入檸檬汁和糖粉混合、過篩後製成的水果淋醬。除了在糕點上有提味作用外,鮮豔的醬汁顏色也能提高視覺享受,略酸帶甜的口感,為口味單純的法式糕點帶來畫龍點睛的效果,例如夏洛特等慕斯類蛋糕、熔岩巧克力蛋糕,或吃起來較乾的蛋糕類、冰淇淋等,皆能提升它們的味道與口感。除了覆盆子外,另有其他新鮮或冷凍水果代替,如草莓、藍莓、野莓、杏桃、芒果、奇異果、百香果等,作法雷同,但帶籽的新鮮水果必須先去籽,再放入食物調理機或果汁機攪打成泥,再繼續下個步驟進行製作。

材料
• 250g 冷凍覆盆子
• 半顆檸檬取汁
• 40g 糖粉

作法
1　半顆檸檬擠成汁備用。
2　冷凍覆盆子放在室溫解凍。
3　解凍後的覆盆子放入食物調理機或果汁機。

4 加入檸檬汁和糖粉。

5 打碎，攪拌均勻。

6 在玻璃盅裡放上濾網，倒入攪打好的覆盆子泥，
使用湯匙邊攪拌、過篩。

7 將覆盆子淋醬裝入玻璃容器或大碗裡。

8 淋在糕點上一起食用或做裝飾。

小叮嚀

1 覆盆子淋醬最好現做現用，
放入碗中用保鮮膜包起來
冷藏或裝在有蓋子的玻璃瓶
中，可保存 1～2 天。若
將做好的淋醬加熱煮沸裝入
乾淨空果醬瓶中放涼，蓋上
蓋子放入冷藏可延長保存期
限約 4~5 天。

2 不容易出果汁的水果，可另
加 20g 礦泉水和 10g 糖粉
一起攪拌。

3-17

巧克力夾心餡

Ganache au chocolat noir ou blanc

份　　量：可做 10~15
　　　　　個小馬卡龍
難 易 度：★ ☆ ☆

黑、白或牛奶巧克力，加入加熱過的液態鮮奶油混合融化而成的糕點夾心內餡。用途廣泛，可作馬卡龍的夾心、蛋糕的夾心、松露巧克力的主體巧克力等。黑巧克力或牛奶巧克力可添加濃縮咖啡粉或其他風味的濃縮材料，白巧克力則可加入食用色素，增加外形和口味上的變化。

材料
• 100g 黑（白）巧克力　• 100g 液態鮮奶油

作法
1　黑（白）巧克力切成小塊放入深鍋。
2　液態鮮奶油加熱至沸騰。
3　將沸騰的液態鮮奶油倒入放有黑（白）巧克力的深鍋中。
4　用木棒將塊狀巧克力和液狀鮮奶油混合至完全融化均勻。
5　放涼後即可使用在其他糕點上。

小叮嚀
1　巧克力的可可亞純度請選擇界於 52%～64% 之間的塊狀巧克力較為適合。
2　牛奶巧克力的融化方式同以上作法，若加入其他口味的濃縮材料，可和液態鮮奶油一起混合煮勻。
3　白巧克力若加入食用色素，可在巧克力和牛奶拌勻後滴入幾滴，再繼續拌至顏色均勻混合為止。

3-18

DIY 簡易刮刀

Spatule maryse maison

份　　量：一只
難易度：★☆☆

以冰淇淋塑膠盒蓋或乳酪塑膠盒蓋修剪成半橢圓狀的簡易刮刀，既薄且輕，好清洗又不占空間。簡單的作法更是人人都可製作，對甜點新手或烘焙達人都很實用，可用於切割麵團和塔皮、攪拌蛋白和麵糊。這個好點子來自於甜點老師傅法蘭西斯老師，讓我在糕點製作上受益良多，家裡沒有刮麵刀的讀者，現在就現學現做一個來用吧！

材料
- 一只冰淇淋塑膠盒蓋（或乳酪塑膠盒蓋）
- 一把剪刀

* 刮入擠花袋時用　　* 攪拌混合時用

作法
1　準備一個洗淨擦乾的冰淇淋塑膠盒蓋。
2　用剪刀先剪掉外圈部分。
3　再剪成一個圓型。
4　橫剪掉三分之一的底部。
5　稍微將外圍修飾平滑。
6　簡易刮刀即完成。

小叮嚀
盡量將圓形外邊修剪平滑，比較好刮也不易傷手。

DIY 簡易小型擠花袋 *Poche à douille maison*

利用隨手可得的家庭用冷凍塑膠袋和烘焙紙製作而成。以冷凍塑膠袋製成的擠花袋，可裝入打發鮮奶油、泡芙蛋麵糊、奶黃餡、奶油餡、美乃滋等多種少量需要擠花的餡料，搭配不同的擠花嘴，即可擠出各種款式的造型變化裝飾，用完即可丟棄，不必費神去清洗。

份　　量：一份
難 易 度：★ ☆ ☆

塑膠袋擠花袋

材料
- 一個冷凍塑膠袋
- 一個擠花嘴
- 一條橡皮筋或透明膠帶
- 一把剪刀

作法
1 塑膠袋用剪刀剪一個小洞。
2 放入擠花嘴。
3 在擠花嘴部和塑膠袋開口纏上橡皮筋或透明膠帶封好（圖 3、3-1）。
4 放入內餡（圖 4、4-1）。
5 即可擠花做造型。

小叮嚀
用透明膠帶黏起來比較緊實，但有時隨手拿條橡皮筋綁著也很方便。

小型簡易擠花袋

份　量：4個
難易度：★☆☆

烘焙紙製成的小型擠花袋則適合在餅乾或糕點上畫圖或寫字，特別是用在蛋糕上寫祝詞，雖然沒有專業擠花袋來得專業，對我這個家庭主婦卻很受用！

建議讀者可一次製作多個烘焙紙製擠花袋備用，有需要時即裝入融化巧克力、蛋白糖霜，書寫繪圖做造型；塑膠擠花袋則需要時再製作即可。

材料
● 一張 A3 大小的烘焙紙 ● 一把剪刀

作法

1 準備好一張 A3 大小長方形烘焙紙。

2 用剪刀剪成一半，再將一半對成三角形。

3 抓住中央向外捲成尖形圓筒狀，邊捲邊抓緊成形（圖 3～3-3）。若不夠緊實，放開烘焙紙再捲一次。

4 捲筒上方不平均且多出來的紙往內摺成圓環狀（圖 4～4-2）。

5 裝入融化巧克力至六分滿。

6 開口部分兩邊對摺後封口。

7 用剪刀剪開需要的大小開口，請勿一次剪太多，若洞口太小，再修剪到需要的程度。

8 完成即用於糕點裝飾或在糕點上寫祝詞。

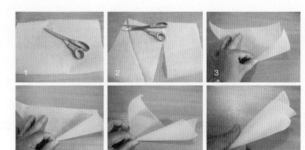

小叮嚀
洞口一次不要剪太大，慢慢修剪到想要的粗細大小。

DIY 簡易生日祝詞裝飾

Décoration à la pâte d'amande

份　　量：一份
難易度：★ ★ ☆

在法式甜點基本功中，讀者學會了杏仁糖麵團的作法和如何融化巧克力，也學會了製作小型烘焙紙擠花袋。現在教大家如何將這三種基礎功融會貫通，合而為一成簡易手寫祝詞裝飾。

先將杏仁糖麵團擀平去邊，做成捲頁般的外型，用蛋糕瓦斯噴槍噴上焦色，再以裝入融化巧克力的烘焙紙擠花袋寫上想表達的祝福。自己 DIY 製作獨一無二的蛋糕裝飾，獻上最佳祝福，相信一定是絕無僅有、表達心意的最佳禮物！

材料

- 50g 自製杏仁糖麵團（或現成杏仁糖麵團）
- 一張烘焙紙
- 一支擀麵棍
- 少許融化黑巧克力
- 一個烘焙紙做的簡易擠花袋

作法

1　在工作檯上鋪上一張烘焙紙，用手掌將杏仁糖麵團壓平。
2　兩邊的烘焙紙蓋住壓扁的杏仁糖麵團。
3　用擀麵棍擀平成四方形（或長方形）。

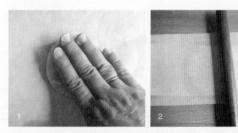

4 用刀子切掉四邊的麵皮。

5 呈稍有弧度的四邊形。

6 四邊的麵皮稍往內彎做造型。

7 用刮刀刮起杏仁糖麵皮移至烤盤上。

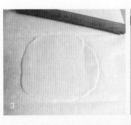
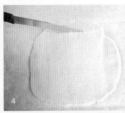

8 用瓦斯噴槍將邊緣及中央噴燒成焦黑色，
　 放置一晚使其乾燥變硬。

9 融化巧克力裝入簡易擠花袋中，剪開小洞口。

10　在杏仁糖麵皮寫上祝詞。

11　裝飾在蛋糕上即完成。

小叮嚀

1 若想使麵團快一點乾燥成型，可在步驟7將麵團送入130℃預熱好10分鐘的烤箱烘烤5分鐘，
　 移出烤箱放涼變硬後用噴槍上色。

2 杏仁糖麵皮噴上顏色時，請移至烤盤上色，直接噴放在烘焙紙上的糖麵皮，可是會著火的，
　 千萬要記得。

◆ 3-21

DIY 簡易巧克力裝飾 *Décoration au chocolat*

融化巧克力,基本上是以隔水加熱的方式來融化製作,但一般人都不知道其實使用微波爐也能融化巧克力,比隔水加熱來得快速方便。

微波爐融化巧克力也是利用隔水加熱的原理,以微波爐加熱後的熱水溫度隔水來融化碗裡的巧克力。家裡有微波爐的讀者,這套融化巧克力的方式非常方便實用。

若只是單獨製作巧克力裝飾,即可利用微波爐融化巧克力,但完全融化後想快點冷卻巧克力,就得移開水再放涼。

份　量:一份
難易度:★☆☆

微波爐融化巧克力

材料
- 100g 黑巧克力
- 一個大碗　• 一個小碗
- 少許水　• 一張耐熱保鮮膜

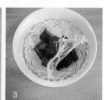

作法
1 巧克力扳成小塊放入小碗裡,在另一個大碗裡裝上一半的水。
2 放巧克力的小碗包上保鮮膜,放進大碗裡。
3 放入微波爐加熱 2 分鐘,拿出後掀開保鮮膜。
4 用小湯匙攪拌。
5 攪拌至巧克力完全融化混合均勻後離水。

塑膠包裝紙簡易巧克力裝飾

材料

- 100g 融化的液態黑巧克力 • 亮面透明塑膠包裝紙（Papier cristal）
- 一把不鏽鋼蛋糕抹刀

作法

1 黑巧克力扳成小塊。
2 隔水加熱融化放至微溫。
3 透明塑膠包裝紙剪成 A4 大小。
4 倒入少許巧克力醬在透明包裝紙上。
5 用蛋糕抹刀抹平。
6 放至凝結後。
7 捲成圓筒狀。
8 放入冷凍庫冰凍成型。
9 移出冷凍庫。
10 把巧克力滾筒扳開成片狀即可。

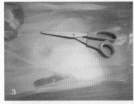

泡泡紙簡易巧克力裝飾

材料

- 100g 黑巧克力
- 一張泡泡紙（Papier bulle）
- 一把不鏽鋼蛋糕抹刀

作法

1. 黑巧克力扳成小塊。
2. 隔水加熱融化放至微溫。
3. 準備一張 A4 大小的泡泡紙。
4. 倒入少許巧克力醬在泡泡紙上。
5. 用蛋糕抹刀抹平。
6. 放入冷凍庫冰凍成型。
7. 移出冷凍庫，小心脫掉泡泡紙，扳成想要的大小即可。

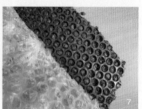

小叮嚀

1. 泡泡紙使用前先洗滌晾乾後再行製作。
2. 巧克力醬須等到冷卻至微溫時，才塗在包裝紙或泡泡紙上；
   若溫度太高，會將泡泡紙燙得縮起來。

Part 4

法國傳統節慶甜點

法國是重視傳統和信仰的國家，
一年中的主要節慶也各有搭配的應景糕點。
本章介紹 6 個傳統節慶及代表甜點，了解法國人的傳統文化和風俗民情，
並學習製作法國的節慶糕點。

4-1

主顯節 & 國王派

L'Épiphanie & La Galette des Rois

法國過完新年第六天的 1 月 6 日是主顯節（l'Épiphanie），也是吃國王派（La Galette des Rois）的日子。外子老米說法國人為了方便過節，就選擇在過年後的第一個星期日吃國王派。國王派在主顯節前後這幾天，餐桌上的最佳主角非它莫屬！而且吃完之後的小瓷偶還可以收藏，我來法國定居九年了，收藏的小瓷偶不下十幾個。有些瘋狂收集瓷偶的法國人在主顯節前後狂吃國王派，只為了收藏更多不同造型的小瓷偶。

法國店裡通常販售兩種國王蛋糕：一是國王派，另一種是糖漬水果國王蛋糕（gâteau des Rois aux fruits confits）。賣得最好的當然是包裹著小瓷人的國王派啦！

但法國人為什麼要在這一天吃國王派呢？

國王派是慶祝主顯節的專屬糕點。每年 1 月 6 日，為了紀念和慶祝耶穌誕生，東方三賢士首次看到神蹟顯露的日子。不同宗教（如天主教、基督教等）各有不同的慶祝日期和方式。依照法國過此節日的傳統，過完年後主顯節的前後幾天，街上的麵包店、甜點店，甚至各大型超市，都可見到剛出爐的國王派正熱騰騰銷售著。不論是公司行號或一般家庭，那幾天的聚會或午茶休息時段一定會端上桌。

國王派以兩張千層派皮，及杏仁粉、糖、蛋及奶油和少許蘭姆酒或白蘭地為內餡材料，並在杏仁內餡裡放入小瓷偶，有人物、動物、卡通、雕像等造型。送入烤箱前，在派皮上用刀尖劃上圖案，塗上稀釋的蛋黃水，放入烤箱烤 30 ～ 40 分鐘，即為國王派。而國王蛋糕則是用牛油、麵粉、糖、蛋和發粉為材料製成，烤好後再擺上糖漬蜜餞和果乾。

吃國王派有趣又好玩的是，餡料裡藏著一兩個迷你小瓷偶，不知誰會吃到。當大夥一起分享國王派，年紀最小的人藏在桌子底下，由主人分成幾等份，然後請藏在桌下的人選擇這塊派餅該分給在座的哪一位吃，等全部分發完畢，大夥才開始吃國王派。誰也不知道誰會吃到藏有小瓷偶的國王派。而吃到藏有小瓷偶國王派的人，在那一天就是國王或皇后，帶上紙做的金色皇冠命令點到名的人為他（她）做任何事，或是得到一個親吻。

每年老米都會在主顯節那天買來一個國王派，我也會特別做蘋果內餡口味的國王派，一方面維持傳統，一方面也收集小瓷偶當收藏。而法國人吃到重複的小瓷偶，還會與親朋好友互相交換，看誰收集的種類比較豐富哩！

嘿！還在等什麼？請家裡的小朋友做一個紙皇冠，再烘焙一個道地的國王派，與家人一起體驗當國王的樂趣吧！

1. 小米三歲在法國第一次過主顯節，吃國王派時得到的第一個王冠。
2. 法國糕點店的包裝紙袋上繪有國王和國王派的有趣圖案。
3. 法國人家庭院一隅，放置著東方三賢士和耶穌誕生於馬槽的手繪石頭。

4-1

國王派

Galette des Rois à la Frangipane

份　　量：6 人份	
難 易 度：★ ★ ☆	
烤箱溫度：200℃~220℃	
烘烤時間：30 分鐘	

材料

- 125g 無鹽奶油　• 100g 細砂糖
- 2 顆全蛋　• 125g 杏仁粉
- 兩張圓形派皮（請參照「3-6 派皮」的製作方法）
- 一顆蛋黃加入少許水和鹽
- 糖水（50g 細砂糖加 50g 熱水融化）

作法

1　50g 細砂糖加入熱水用湯匙攪拌融化，放涼備用。

2　無鹽奶油放在常溫下軟化。

3　軟化後的無鹽奶油加入細砂糖用打蛋器攪打均勻。

4　倒入兩顆全蛋繼續攪拌均勻。

5　加入杏仁粉攪拌均勻備用。

6　烤盤鋪上烘焙紙。

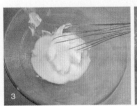
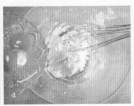
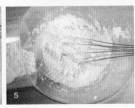
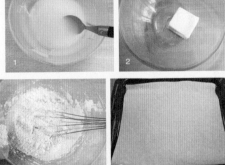

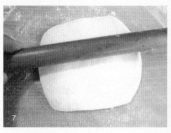  

7 兩張派皮各自擀成約八吋大小的圓形。

8 一張派皮放在鋪有烘焙紙的烤盤上。

9 派皮的中央鋪上準備好的杏仁奶油內餡,在圓形派皮邊緣預留兩公分寬。

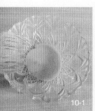 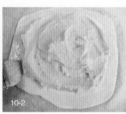   

10 蛋黃加入少許水混合均勻成蛋黃水,用毛刷在預留的派皮邊緣塗上蛋黃鹽水(圖 10-1、10-2)。

11 蓋上另一張派皮,切掉邊緣整成圓形。

12 在派皮上用刀尖畫上想要的花樣,再用牙籤插上幾個洞(圖 12-1、12-2)。

13 在派皮邊緣劃上刀痕間隔約一公分。

14 派皮塗上蛋黃鹽水。

15 送入 220℃預熱好的烤箱烤約 15 分鐘,派皮表面著色後再將火溫調至 200℃繼續烤 15 分鐘。

16 移出烤箱後在派皮表面塗上放涼後的糖水,放至微溫或放涼後切塊食用。

Galette des Rois à la Frangipane

小叮嚀

1　想在派裡加入小瓷人，可在步驟 9 放入，再蓋上另一張派皮。

2　在派皮上叉洞和在邊緣壓上刀痕，是為了防止派皮在烘烤中太過膨脹而無法透氣，邊緣的派皮
　　會迸開，內餡容易溢出，致使派皮變形。

3　調好的糖水若用不完，可裝在玻璃容器裡，用於其他用途，如喝冰紅茶、咖啡或新鮮果汁時調
　　理甜度使用，或冷藏起來，下次做其他糕點須塗上糖水時使用。

4-2

聖燭狂歡節&可麗餅

La Chandeleur au Mardi Gras & Crêpes

聖燭節（Chandeleur au Mardi Gras）字面上的意思為「狂歡節的蠟燭」，也稱光明節或燭光節。

聖燭節起源於融合異教傳統和猶太教及基督教的慶祝活動。神父點燃蠟燭賜福大眾，經過加持的聖燭留一些在教堂裡使用，其餘則發放給教友帶回家，祈求人人遠離邪惡，永遠幸福快樂，謹記這散發光亮的蠟燭是耶穌照亮世界、保佑眾生之光。基督徒也可在自家點燃蠟燭祈福，期望燭光能時時刻刻保護家園，在光亮的籠罩下平安過日子。

聖燭節是 2 月 2 日，也就是耶誕節（耶穌降生）後 40 天。為何定在 40 天後？根據摩西律法，嬰兒出生後的七天內被認為是不潔的，母親分娩後也須經過 3~30 天的血液淨化，才能潔淨。新生兒誕生 40 天後與母親一起出席聖燭淨化儀式，人們也在這天舉行燭光遊行。

法國的教堂都會在角落點起五顏六色的蠟燭，是教徒奉獻後點燃向上帝祈禱，保佑家人平安，為困境指引道路，祈求心靈平靜，有點類似佛教徒在廟宇點香向神明祈福。

1. 法國西部南特市中心大教堂的聖燭台。
2. 餐廳賣的鹹口味可麗餅，包有乳酪和火腿，上頭還打了一顆蛋。
3. 喝蘋果氣泡酒的專用杯，上面彩繪著不列塔尼傳統人物。
4&5. 法國傳統市集常可見到賣可麗餅的攤子。
6. 吃可麗餅搭配飲用的蘋果氣泡酒，有帶澀味和甜味的，是不列塔尼的特產。

　　根據法國傳統，聖燭節當天必須在晚上八點以前吃下可麗餅（Crêpe），保佑未來一年
闔家幸福安康。而圓形金黃色的美味煎餅，好似太陽般閃亮，趕走濕冷冬日，迎接暖和
陽光，在日落前點燃燭光，吃下可麗餅，可避免厄運，帶來平安和好運氣！

　　可麗餅的發源地在法國西部不列塔尼省，也就是我目前居住的省分。然而法國各地的
餐廳、傳統市場、大型超商，甚至麵包店都有販售可麗
餅，就算不自己製作，平時也能輕易購得好吃的可麗餅。

　　法式可麗餅的形狀類似台灣的蛋餅，和日式可麗餅一樣
都是圓形。不同的是，法式可麗餅的材料還加入黑蕎麥麵
粉，分為鹹甜兩種。法國人把鹹可麗餅當成主食，甜可麗
餅作為飯後甜點或午茶點心。在可麗餅專賣餐廳可享用一
頓全套可麗餅餐（鹹的兩份＋甜的一份），或在外賣可麗
餅店也可買到，麵包店或傳統市場、大超商賣場裡買到包
裝好的法式可麗餅。自己在家做的話，只需一只平底鍋和

● 大賣場裡陳列販售的現成可麗餅皮。

* 不列塔尼鄉下人家種植的蘋果樹結實纍纍。

一支平面木棒，就能做出帶有自我風格獨特味道的法式可麗餅。我曾經花一下午時間上課學做法式可麗餅，現在偶爾想吃，就在家裡 DIY，攪拌一大缸蛋麵糊，花上一小時煎製，再用鋁箔紙包起來放冷藏可以放好些天呢，當主餐或早餐塗果醬兩相宜。

法國人吃可麗餅還會搭配飲用蘋果淡氣泡酒（Cidre）。蘋果酒又分為澀味（brut）和甜味（doux）兩種。

不列塔尼的鄉下人家都會在自家庭院種上幾顆蘋果樹，採收後絞成汁，再以傳統方式釀造成蘋果酒。首先將蘋果放入碾磨機碾成汁，再將蘋果汁收集起來靜放沉澱，取出清澈部分，裝入密封玻璃瓶內發酵，而當蘋果汁裡的糖分發酵轉換成酒精和二氧化碳，即成蘋果淡酒。至今仍有許多法國人在自家以傳統方式釀造蘋果酒，比市售的多了酒精濃度，少了甜度，喝起來味道香醇許多，喝上幾杯還是會醉人的。而在自家花園的蘋果樹下吃自己煎的可麗餅，再配上自家釀製的蘋果淡酒，更是別有一番滋味！

鹹的可麗餅可在餅皮裡加入蛋、乳酪、番茄、蘑菇、玉米、蘆筍、火腿、培根、香腸等材料，隨個人喜好加入想吃的配料，但要注意的是，容易出水的蔬菜類就不適合放入可麗餅裡，若真要加入，可把蔬菜切成薄片，在鍋裡稍加炒熟去水後再放入餅皮裡。

甜的可麗餅可塗上巧克力醬、不列塔尼奶油醬或各種口味的果醬，或是簡單撒上細砂糖。專賣可麗餅餐廳可吃到加了一球或兩球不同口味的冰淇淋，擠上發泡鮮奶油，再撒上烘烤過的杏仁片，最後淋上巧克力醬，哇～真是一道超豐盛可口的可麗餅甜點。

另一道非常有名道地的法式干邑橘香煎可麗餅（Crêpe flambée au Grand Marnier），一般人較少聽過吃過。這道甜點只出現在星級餐廳的菜單裡，由受過專業訓練的侍者在桌旁服務，來上全套法式干邑橘香煎可麗餅秀。先在平底鍋放入奶油，奶油融化後，放入切片好的香橙和少許香橙汁及少許細砂糖乾煎出汁，再倒入干邑橘香酒，鋪上對摺的兩片可麗餅，接著侍者將平底鍋提高 60°接近火源，瞬間平底鍋燃燒起藍色火焰，營造美麗的視覺享受。

4-2

可麗餅

Crêpes

份　　量：4 人份
難 易 度：★ ★ ☆

材料

- 250g 低筋麵粉 ・ 500g 牛奶
- 70g 糖 ・ 3 顆全蛋 ・ 2g 食鹽
- 2 包香草糖粉（或 1 茶匙香草精）
- 少許無鹽奶油（抹平底鍋用）

作法

1　在鋼鍋裡將麵粉和糖、香草糖粉、鹽混合均勻備用。
2　加入 3 顆全蛋，倒入少許牛奶，用手攪拌。
3　用力攪拌蛋奶和麵粉至完全混合。

4　倒入一半牛奶混合麵糊，將少許麵粉顆粒壓散，再加入鮮奶攪拌均勻，蓋上保
　　鮮膜放冷藏兩個小時醒麵糊（圖 4-1 ～ 4-3）。

5　平底鍋預熱後，抹上一層薄奶油，倒入一湯勺麵糊，以順時針方向轉動平底鍋，
　　使麵糊完全舖滿整個平底鍋，變成一張可麗餅皮（圖 5-1 ～ 5-3）。

6　煎至四周餅皮翹起，翻面再煎（圖 6-1 ～ 6-2）。

7　翻面的另一邊上色。

8　鏟起放在乾淨的布巾上對摺放涼或平放皆可（圖 8-1～8-3）。
　　重複前面的步驟，直到麵糊煎完為止。

小叮嚀

1　以上配方是甜可麗餅配方。鹹餅皮的材料配方是：150g 黑蕎
　　麥麵粉、100g 白麵粉、2g 食鹽、500g 鮮奶、少許無鹽奶油（抹
　　平底鍋用），作法同甜可麗餅。

2　法國有專業用煎可麗餅的平底煎餅機，外型類似台灣潤餅攤的
　　潤餅煎餅機。專業用煎餅機煎出來的味道，與家用平底鍋煎出
　　來的口感不同，主要是因為家用平底鍋火力不夠集中，厚薄不
　　均，以致有些地方焦了而另一邊卻還沒熟，吃起來口感較軟。

3　台灣市售的可麗餅配方，在麵糊裡多加了奶油和太白粉，高溫
　　煎烤下會產生酥脆口感，並在專業煎餅機塗上一層奶油，更添
　　脆皮的口感。

4　法國市售可麗餅則在麵糊裡加入融化無鹽奶油，煎製時塗上用豬油混合一顆蛋黃製作的蛋豬
　　油，在專業機器集中火候下，配用專業木棒及刮平餅皮的器具，煎出來的口感薄、脆、香！
　　而現成包裝好的可麗餅，口感上就沒有現做的酥脆，吃起來是軟的。

Crêpes

4-3

愚人節 & 魚形蘋果派

Le poisson d'avril & Poisson d'avril

4月1日愚人節（Le poisson d'avril），一個屬於全球性的節日。這一天，人們或開玩笑或惡作劇來捉弄彼此，一旦知道自己被當作主角遭人愚弄，有人兩手攤攤會心一笑，有人則大發脾氣，你是哪一種呢？

法國愚人節的源起則是這樣：15 世紀，法國國王查理九世決定採用新改革的紀年法——格里高利曆（即是目前通用的陽曆），以 1 月 1 日為新年的第一天。但一些守舊派反對這項新的改革政策，依然按照舊曆法在 4 月 1 日這天慶祝新年。改革派便大加嘲弄守舊派的做法，在 4 月 1 日送給他們假請帖、假禮物，邀請他們參加假聚會。從此以後，4 月 1 日捉弄人的行徑便流傳開來。當有人上當受騙，捉弄他的人便會大叫：「Poisson d'avril！」意指四月的惡作劇。

以前，法國並沒有愚人節蛋糕。近一兩年才在糕點店看到一種以派皮當外皮，裡頭包著蘋果餡的魚形蘋果酥派。它的作法和國王派相同，只有在外型和內餡做了改變。我想它的創作點子應該是來自法國常見當早點或午點的鞋形蘋果派（Chaussons aux pommes），用小圓形派皮包住蘋果泥，在派皮上劃上刀痕，塗上蛋汁去烘烤，適合當早餐或午點。製作方法與以下作法雷同，只要把派皮整成圓形，放入內餡塗上蛋汁後對摺成餃子狀，再劃上刀痕即可。

4-3

魚形蘋果派
Poisson d'avril

份　　量：4 人份
難 易 度：★ ★ ☆
烤箱溫度：200℃
烘烤時間：20~30 分鐘

材料

- 60g 細砂糖
- 10g 水
- 3 顆蘋果
- 20g 玉米粉
- 半顆檸檬汁
- 少許肉桂粉
- 兩張派皮（請參考「3-6 派皮」的作法）
- 一顆蛋黃＋少許水調成蛋黃汁
- 少許糖水（50 細砂糖 +50g 熱水混合均勻融化）

作法

1　蘋果去皮去心後切成小塊。
2　深鍋裡放入蘋果、糖、檸檬汁和少許肉桂粉。
3　用中火將蘋果燜煮到收汁，再撒入玉米粉拌勻。
4　放至一旁冷卻。

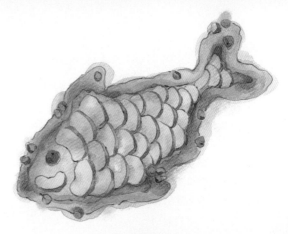

5　派皮擀成長方形，用厚紙板畫出高 20 公分寬 10 公分的魚形，厚紙板放在派皮上
　　用刀子劃出魚形（圖 5-1、5-2），一共需要八片。

6　烤盤鋪上烘焙紙，4 片派皮鋪在烤盤上。

7　派皮上放上蘋果泥，派皮四周留下約一公分寬。

8　在派皮邊緣塗上蛋黃水。

9　再放上另一張派皮，周邊稍微壓一下。

10　用叉子在派皮上叉幾個洞。

11　在派皮上劃上魚鱗，用刀子壓劃周邊使其緊貼，防止蘋果餡在烘烤時溢出。裝飾上一顆葡萄乾或半顆糖漬紅櫻桃當魚眼睛，劃上魚尾，派皮表面塗上蛋黃水（圖 11-1、11-2）。

12　放入 200℃ 預熱 10 分鐘的烤箱烘烤 20 ～ 30 分鐘。

13　表面著色後離火，移出烤箱塗上糖水。

14　熱食或放涼食用皆可。

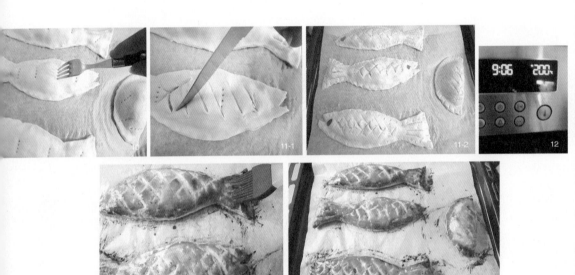

小叮嚀

1　劃刀痕時可劃深一些，但別劃開內餡。

2　在步驟 7 一定要留一些癒合空間，也可塗上蛋黃汁後再用刀壓劃。若沒做好這道程序，烘烤派皮時很容易迸開，影響魚餅派的外觀。

3　若派皮做成圓形，中央放入用食物處理機絞成泥狀的蘋果泥，邊緣塗上蛋汁後對摺，邊緣劃上刀痕，可防止內餡迸開。塗上蛋汁烘烤，再塗上糖水，就是鞋形蘋果派。

4-4

復活節&鳥巢蛋糕

Le lundi de Pâques & Gâteau de nid d'oiseau

復活節（Lundi de Pâques）是耶穌死而復生的那一天。耶穌基督為了世人的罪而被釘在十字架上血流乾枯而死，但在死後第三天復活。而蛋象徵新生命，巧克力蛋便成為慶祝耶穌復活的復活節象徵。

復活節是每年春分月圓後的第一個禮拜天，也就是 4 月 4 日。每家甜點店、巧克力店和大型超市，都會陳列各式各樣的復活節巧克力蛋，如：金雞、玉兔、鴕鳥蛋、小鳩蛋等造型。

而復活節前夕，糕點師傅則忙碌地攪拌一鍋鍋香濃甘甜的巧克力，巧克力融化在約 37℃，倒入各式造型的模子裡，放置冷凍庫稍加冷卻後，再動作快速小心脫模，因為手溫會讓巧克力變形融化。

法蘭西斯老師傅說：「巧克力是不會流失浪費的食材，就算不小心做壞了，重新融化整型即可再生。」大家現在知道了吧，不僅耶穌可以死而復活，巧克力也能重生喔！但要謹記的是，台灣是亞熱帶國家，巧克力放在室溫中很容易變形融化，可用鋁箔紙包好

• 復活節各式應景的彩蛋造型。（圖片提供： Feng Yu Liang）

放在陰涼乾燥不受潮的地方。溫度若還是過高，最好放入冰箱冷藏。但食用前請記得先放室溫 20 分鐘，讓巧克力稍微軟化後再食用比較美味。

　　每年一到復活節，法國小孩就有正當理由毫無節制地吃巧克力。父母在這天買來各種造型巧克力，藏放在自家花園樹叢的角落裡，沒有花園的人家，就藏在客廳的角落。小朋友期待教堂傳來第一聲鐘響，代表可以去撿蛋了！教堂鐘聲喚醒所有沉睡中的生命，趕快去花園角落找尋包裝成各種形狀的巧克力新生蛋吧！

1. 法國糕點店和巧克力店在復活節前夕，櫥窗都會擺滿復活節巧克力蛋。
2&3. 法國小朋友復活節在自家花園撿來各種造型的復活節彩蛋。（圖片提供： Feng Yu Liang）
4. 復活節是為了紀念慶祝耶穌受難後死而復生。

4-4

鳥巢蛋糕

Gâteau de nid d'oiseau

份　量：6~8 人份
難 易 度：★★★

材料

- 一份圓形 9 吋戚風蛋糕
  （請參考「3-4 法式戚風蛋糕」作法）

奶油餡

- 120g 細砂糖　• 40g 水　• 3 顆蛋黃　• 300g 無鹽奶油

濃縮咖啡糖漿

- 150g 細砂糖　• 80g 水　• 4 湯匙濃縮即溶咖啡粉

巧克力裝飾

- 100g 黑巧克力　• 100g 液態鮮奶油

作法

1　戚風蛋糕橫切對半成兩片。

2　上層蛋糕中間用圓形果醬瓶或慕斯模壓一個洞備用。

3　無鹽奶油用微波爐加熱 7 秒鐘，讓無鹽奶油像軟膏狀放涼備用。

4 深鍋中放入 150g 細砂糖、80g 水、4 湯匙濃縮即溶咖啡粉煮滾至濃稠後，
　 倒入碗中放涼備用（圖 4-1、4-2）。

5 深鍋裡放入 120g 細砂糖、40g 水使其自然浸濕。

6 用中火邊煮邊左右搖晃深鍋，煮至沸騰約 117℃，使糖水變濃稠。

7 鋼鍋裡放入 3 顆蛋黃。

8 慢慢加入滾燙的糖，用電動攪拌器一邊攪拌一邊加入滾糖水，攪打至蛋糖糊
　 冷卻（圖 8-1、8-2）。

9 加入軟膏狀無鹽奶油繼續攪打至完全混合。

10　加入六成放涼後的咖啡糖水繼續攪拌均勻。

11　剩下的咖啡糖水用蛋糕刷塗在兩片蛋糕內面上。

12　摩卡咖啡奶油餡均勻塗上作底蛋糕。

13　蓋上打好圓洞的另一片蛋糕。

14　蛋糕上方和邊緣用蛋糕抹刀均勻抹上咖啡奶油餡。

15　蛋糕邊緣底部及上方擠上巧克力餡裝飾，用挫絲器挫撒上巧克力碎片。

16　蛋糕中間以巧克力醬裝飾成的鳥巢圓洞上方，放上巧克力蛋後放冰箱冷藏，
　　冰涼即可享用。

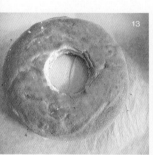

巧克力裝飾作法

1　深鍋中放入液態鮮奶油煮沸。

2　放入扳成小塊的巧克力混合均勻，放涼備用（圖 2、2-1）。

3　巧克力餡放冷藏變微硬。

4　裝入裝有小圓孔的擠花袋中。

5　完成巧克力裝飾。

小叮嚀

1　以上是做法式摩卡咖啡蛋糕的配方，只是在外型上做成鳥巢模樣。

2　戚風蛋糕和巧克力裝飾可提前做好。戚風蛋糕做好放涼後，如果沒時間馬上製作抹醬，可用大塑膠袋包起來放冷凍庫冷凍，製作的前一晚再退凍，口味上還是像新鮮的一樣。

3　塗醬與夾餡可隨個人喜好做更改，可換成清爽的水果口味，如罐頭鳳梨、水蜜桃、糖漬西洋梨，濾乾水分後切成小丁當夾餡，而罐頭糖水可當塗蛋糕的糖水，塗醬則換成發泡鮮奶油或巧克力奶油醬等，蛋糕上的裝飾用自己想要的裝飾即可。

Gâteau de nid d'oiseau

4-5
諸聖節＆諸聖蛋糕
La Toussaint & Gâteau de la Toussaint

每年 11 月 1 日的諸聖節（La Toussaint），是天主教節日，在美國又稱萬聖節，「諸聖」即指所有忠誠的聖者和殉道者。天主教徒在這一天追思諸聖和已故的先人，向上帝祈禱已故的親友在天堂過得安詳快樂，類似我們在清明節祭拜祖先。

法國人在這天帶著鮮花祭祖，除草澆花及清理墓地，禱告感謝與讚美天主，祈求在天國的諸聖代眾生轉禱，使上帝能接收到信徒的禱告。

我的公婆在我還未來法國定居前就先後過世，每年這個時候，我們一家三口一定會開七八個小時的路程去掃墓。菊花是諸聖節前夕花店門口擺放最多的花種，有白、紅、黃等各種顏色。外子老米一定會特別買他母親生前最喜歡的花種，放在她和父親的墓地上。近年來網路花店興盛，工作忙碌的老米便省去長途跋涉的車程，在諸聖節這天訂上一盆上好植栽，請網路花店幫我們獻給他親愛的父母親。至於讀者諸君，受邀上法國人家作客，建議帶上一瓶紅酒、一束漂亮鮮花，或是一盒巧克力都是不錯的選擇，切勿送上禁忌的菊花喔。

● 巴黎傷兵院的拿破崙之墓，
他也是法國人心目中尊敬的諸聖之一。

　　這幾年法國受美國文化潮流影響，不僅漢堡、炸雞早已入侵愛好美食的法國領土，年輕父母也開始在諸聖節這天帶著小朋友打扮成巫婆或吸血鬼的樣子，手提著南瓜籃，挨家挨戶按鈴敲門要糖吃，過起美式萬聖節。

　　法國的諸聖節並沒有特殊的傳統糕點。2000 年，聖飛杜魯教區（La paroisse Saint-Philippe-du-Roule）的神父于曼（Olivier Humann），決定用「諸聖蛋糕」（Gâteau de la Toussaint）作為傳福音的一種方式，讓認為諸聖節只是追思已故親友的教徒了解，其實諸聖節也可以在歡喜氣氛中度過，糕餅麵包店的櫥窗也展示萬聖節的應景南瓜、巫婆、蜘蛛網等象徵，而據傳從 18 世紀食譜創造的諸聖蛋糕，則成為諸聖節的糕點。

　　然而這道食譜還不是公開的食譜，只有協定用此蛋糕傳福音的糕點店才有此配方，作法和材料至今仍是沒幾個人知道的祕密。我只略微知道，這個蛋糕是由開心果、榛果和覆盆子的蛋糕為主體，加上軟綿易入口檸檬糖奶油，搭配有乾果風味的蛋糕。配方多寡則不確定。我在網路上找到諸聖蛋糕的圖片，和不確定是不是真食譜的配方，照著它的外型改變原先的配方，用自己的方式做了一個憑空想像的諸聖蛋糕，希望大家會喜歡。

4-5

諸聖蛋糕

Gâteau de la Toussaint

份　　量：6人份	
難 易 度：★★★	
烤箱溫度：220℃	
烘烤時間：20分鐘	

材料

- 蛋糕部分　• 50g 杏仁粉　• 50g 榛果粉
- 20g 低筋麵粉　• 20g 糖粉　• 4 顆蛋白
- 50g 細砂糖　• 無鹽奶油少許（抹烤具用）

內餡部分（crème chiboust au citron）

- 120g 液態鮮奶油　• 2 顆蛋黃
- 70g 細砂糖　• 10g 玉米粉　• 5 張吉利丁片
- 2 顆檸檬　• 少許檸檬皮　• 2 顆蛋白
- 40g 細砂糖　• 25g 水

作法〔蛋糕部分〕

1　在可脫底座的蛋糕烤具上抹上少許奶油備用。

2　在大缽裡放入杏仁粉、榛果粉、糖粉、中筋麵粉混合均勻。

3　蛋白用電動攪拌器攪打至軟性發泡。

4　加入細砂糖繼續打發至硬性發泡。

5　混入所有粉類。

6　由下往上順時針方向用刮刀輕輕拌勻。

7　麵糊倒入塗好奶油的模具中。

8　放入 220℃預熱 10 分鐘的烤箱烘烤 20 分鐘。

9　移出烤箱倒扣在涼架上放涼備用。

作法〔內餡部分〕

1　吉利丁片放在常溫的水裡泡軟，濾乾水分備用。

2　在深鍋裡以小火預熱液態鮮奶油備用。

3　用挫絲板挫檸檬皮約兩顆量備用。

4　檸檬擠成汁備用。

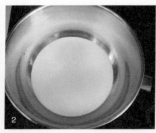

5　蛋黃加糖用打蛋器攪拌至發白。

6　加入玉米粉混合均勻。

7　加入檸檬汁和檸檬皮混合均勻。

8　倒入加熱後的鮮奶油混合。

9　倒回深鍋裡繼續加熱。

10　邊加熱邊攪拌，直到變濃稠後離火。

11　加入泡水後濾乾的軟化吉利丁片。

12　一起混合均勻後放涼備用。（可放在洗水槽裡隔冷水放涼，這樣冷卻比較快。）

13　深鍋裡放入細砂糖和水使其自然融合。

14　以中火加熱，左右搖晃深鍋不要攪拌，煮滾變濃稠（這時邊打發蛋白至軟性發泡）。

15　蛋白用電動攪拌器攪打至軟性發泡。

16　加入煮濃稠的糖水邊攪打邊倒完糖水，攪拌至硬性發泡，直到發泡蛋白完全冷卻為止。

17　舀一半的發泡蛋白和完全涼透的檸檬蛋糊混合均勻。

18　再將混好的蛋白檸檬糊倒入剩下的發泡蛋白糊中。

19　輕輕地混合至均勻。

組合成型

1　將蛋白檸檬糊倒在蛋糕模裡。

2　抹平上方。

3　覆蓋上保鮮膜，放入冰箱冷藏 5～6 小時。

4　用刀子在模具內圍沿著蛋糕劃一圈。

5　脫模放在烤盤上。

6　食用前在蛋糕上撒上少許黃砂糖。

7　用瓦斯噴槍上色。

8　在蛋糕上裝飾幾顆覆盆子即可上桌。

　（不裝飾亦可）

Gâteau de la Toussaint

小叮嚀

1 　一定要等蛋糕和內餡完全冷卻再組合它們，若還未冷卻就一起組合，
　　蛋糕和內餡的熱氣會使蛋糕體變軟，影響蛋糕的風味。

2 　這道內餡去掉檸檬汁和檸檬皮，也可作為聖多諾黑的內餡。

4-6
耶誕節＆巧克力木柴蛋糕
Noël & Bûche de Noël

耶誕節（Noël）是基督徒慶祝耶穌誕生的日子。法國信仰天主教和基督教為主，耶誕節當然是一年中的大節慶，一如台灣過農曆新年。法國人在耶誕節前夕會買一顆耶誕樹布置客廳角落，裝飾上各種造型的耶誕飾品，還會照著禮物單上的明細採買耶誕節禮品，以及耶誕晚餐的食物食材等。在耶誕節前夕（12 月 24 日）到教堂彌撒祈求安康，然後回家享用耶誕大餐，慶祝耶誕節。

耶誕大餐以喝香檳當餐前酒開始，接著是兩道前菜和兩道主菜，最後上的甜點是木柴造型蛋糕。近年來，耶誕節甜點已經有許多選擇，除了各種口味的傳統耶誕木柴蛋糕，還有以冰淇淋為主要材料製作而成的冰淇淋木柴蛋糕，或是以慕斯為主的夏洛特也被製成木柴的模樣。大夥歡喜熱鬧，開心過節，吃完甜點再來杯飯後酒，通常一頓晚餐吃下來天都快亮啦！

耶誕節前夕的巴黎市區，各大百貨公司如春天和拉法葉的櫥窗早就布置成富麗堂皇的耶誕節特殊造景，每個櫥窗都有不同的造型擺設，繽紛多采又有趣，不僅替百貨公司吸引許多購物人潮，也營造出濃厚的節慶氣氛。

比較特別的是，法國東北亞爾薩斯省，每到耶誕節就聚集許多來自法國各地的小販，販售各式傳統食品，為這耶誕傳統市集帶來眾多人潮，堪稱全法國規模最大的耶誕市集！

　　依據法國傳統，耶誕節是屬於家庭的聚會，而新年則是與朋友的聚會。因此，到了耶誕節前夕，法國人都會回祖父母或父母家過節，與久違的家人團聚，彼此互送精美禮物。

　　現在，台灣也流行過耶誕節，耶誕節已不再是西方人的專屬節日了！。

1. 耶誕節各家糕點店的櫥窗紛紛擺出應景的木柴蛋糕。（圖片提供：Chia Fang Tsai）
2&3. 亞爾薩斯耶誕市集販賣各式各樣耶誕吊飾。（圖片提供：Wen Ching）
4. 亞爾薩斯耶誕市集賣耶誕薑餅的小販。（圖片提供：Hsin-Ying Huang）

耶誕節巧克力木柴蛋糕
Bûche de Noël

份　　量：6~8 人份
難 易 度：★ ★ ★

材料

- 一個長方形戚風蛋糕（請參考「3-4 法式戚風蛋糕」作法）
- 300g 冷凍覆盆子（可用草莓或藍莓果醬代替）
- 一份巧克力慕斯林醬（請參考「3-14 巧克力慕斯林醬」作法）
- 30g 專用細砂糖（或糖粉）
- 少許裝飾用巧克力片（請參照「3-21 DIY 簡易巧克力裝飾」作法）

作法

1　冷凍覆盆子放在室溫中解凍。
2　在果汁機或食物調理機放入覆盆子，倒入 30g 砂糖。
3　攪打成濃稠果醬狀後備用。
4　方形戚風蛋糕攤開，蛋糕底部白色部分朝上。

5　用刷子在蛋糕塗上一層覆盆子糖漿。

6　舀入三分之一的巧克力慕斯林醬在蛋糕上。

7　用刮刀或蛋糕刀均勻地鋪上一層巧克力慕斯林醬，撒上冷凍覆盆子。

8　由內往外捲成一條像木柴般的長條圓柱狀。

9　切掉兩邊約一公分的蛋糕部分。

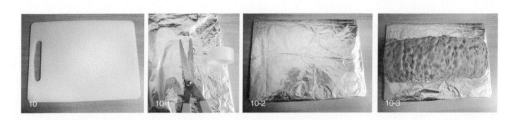

10　拿一個乾淨塑膠砧板（或厚一點的硬紙板），鋁箔紙包住砧板上方，翻轉砧板後用透明
　　膠帶與剪刀貼黏成一個蛋糕底座，沒有膠帶那一面放上木柴蛋糕（圖 10～10-3）。

11 在蛋糕頂端放上慕斯林醬。

12 慕斯林醬均勻塗滿整個蛋糕的外層，使蛋糕看起來像一根木柴（圖 12 ～ 12-1）。

13 蛋糕的外形裝飾上巧克力片。

14 擺放上耶誕塑膠裝飾物。

15 放入冷藏兩～三小時後，上桌前撒上少許糖粉即可食用。

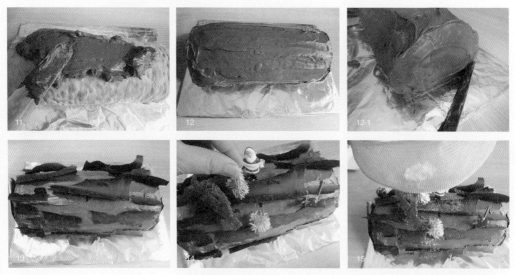

Finish ▶▶▶

小叮嚀

1 捲蛋糕時可以在剛開始稍微滾緊一點，但手勁不能太大力，以免蛋糕破裂。
若沒滾緊，切片食用時，蛋糕會散開影響整體美觀。

2 裝飾的巧克力片可以事先做好放冷凍庫，最後再拿出來裝飾即可。

3 木柴蛋糕可依個人喜好變換不同口味，如咖啡慕斯林、原味慕斯林、鳳梨、草莓等，
作法步驟相同。

4-6 · *Bûche de Noël*

Part 5

法國甜點地圖

法國東、西、南、北、中部各地區發展出極富地方特色的知名甜點。
本章介紹 25 道最具代表性的地方甜點，讓大家在學習製作的同時，
也了解每道糕點的源起和由來。

法國
北部

5-1
諾曼地蘋果派
Tarte aux pommes Normande

諾曼地不僅出產知名糕點，也以生產卡蒙貝爾（Camembert）乳酪聞名。乳牛和蘋果樹是諾曼地鄉間常見的景致，蘋果就是諾曼地蘋果派的主角，而搭配蘋果派飲用的蘋果烈酒 Calvados 也是諾曼地名產。

諾曼地蘋果派起源於 19 世紀，以派皮為底，上面鋪一層法式奶黃餡，再鋪上新鮮去皮切薄片蘋果的法國平民糕點。法國各地都有不同的配方和作法，讀者可依自己喜歡的方式和口味製作，例如派皮可換成甜塔皮，以蛋塔餡為內餡，蘋果平鋪在上方，就是亞爾薩斯風；搭配諾曼地出產的蘋果烈酒 Calvados，則變成諾曼地風的蘋果派；還有以杏仁奶油餡（Frangipane）為鋪在派皮上的內餡，或者將蘋果切成小塊，拌入蘋果泥，做成蘋果味濃厚的蘋果派（塔）。

法國人享用蘋果派，會配上發泡鮮奶油或是一球香草冰淇淋，淋上焦糖漿也很對味！不論熱食或冷藏後再吃，都有不同的風味感受。我比較喜歡清淡一點風味，在這裡教大家製作這道簡單低卡路里的法式蘋果派。

份　　量：6~8 人份
難 易 度：★ ★ ☆
烤箱溫度：180℃~240℃
烘烤時間：45 分鐘

材料

- 一份奶黃餡（請參考「3-12 奶黃餡」作法）
- 250g 牛奶　• 30g 細砂糖　• 20g 玉米粉
- 1 顆蛋黃　• 少許蘋果烈酒（或蘭姆酒）
- 3 顆蘋果　• 少許肉桂粉
- 2 張派皮（請參考「3-6 派皮」作法）
- 1 顆蛋黃（塗派皮用）
- 少許糖水（塗派皮用）

作法

1 派皮擀成長條狀。
2 切掉邊緣部分約一公分。
3 在派皮四邊塗上蛋黃水。
4 把去邊的派皮蓋在派皮四周。
5 四邊再塗上蛋黃水。
6 用刀子在派皮四周輕點一下，
　使上下派皮黏合。

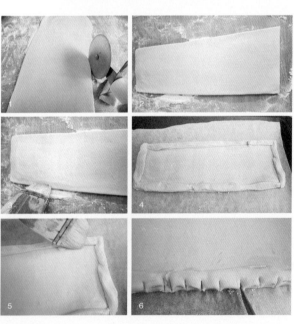

7 派皮中間用叉子均勻叉上幾個洞。

8 放入 240℃ 預熱 10 分鐘的烤箱烘烤 15 分鐘。

9 蘋果去皮切對半後去心。

10 用刀子切成薄片備用。

11 烘烤好的派皮移出烤箱稍微放涼。

12 將預備好冷卻的奶黃餡均勻塗在派皮中央。

13 切薄片的蘋果用手壓一下，使蘋果平放有層次感。

14 蘋果整齊鋪在奶黃餡上。

15 撒上少許肉桂粉。

16 再放入烤箱以 180℃ 烘烤 30 分鐘。

17 移出烤箱放至冷卻，在蘋果上方和派皮周緣塗上糖水（或鏡面膠）。

18 食用前切片撒上糖粉，即可上桌。

小叮嚀

1 蘋果烈酒（或蘭姆酒）可在製作奶黃餡時加入一起攪拌。

2 蘋果派可製作成長條形，也可將派皮擀成圓形，做成圓形諾曼地蘋果派。
喜歡甜塔皮風味，可將派皮換成塔皮，塔皮放入模具烘烤後，再鋪上奶
黃餡和蘋果薄片，其他材料和作法都相同。

3 若使用鏡面膠當蘋果派的裝飾，就不必再撒上糖粉。

5-1 *Tarte aux pommes Normande*

5-2
諾曼地烤米布丁
Teurgoule

又名Torgoule，是法國北部諾曼地的傳統家常糕點。但其實這糕點最初並不是諾曼地的傳統美食，而是17世紀時，諾曼地海盜從西班牙的商船掠奪了許多從美洲來的戰利品，其中有許多當時歐洲仍十分罕見的食材，如肉桂、紅砂糖、香草棒、柑橘皮、月桂葉等，也因為有了這些食材，才創造出諾曼地米布丁，成為當地的傳統美食。

這道甜點的傳統作法是用生圓米，在牛奶裡加入香料和糖，熬煮一小時後，再放入烤箱烘烤五個小時。我把生圓米改成煮熟的圓米，這樣不僅縮短烹煮時間，也減少烘烤時間。

另外，法國還有一道甜點的作法與它雷同，就是牛奶米布丁（Riz au lait），但未經過烘烤。諾曼地烤米布丁在烘烤時會因為烘烤的熱度，使得布丁裡的牛奶熱餡溢出，所以烘烤出來的口感比較沒那麼飽滿有汁。這道食譜則是先把煮熟的圓米和牛奶及香料一起烹煮入味，再短時間烘烤，吃起來就不會這麼乾，而且香料及牛奶也整個浸入米粒中，嘗起來粒粒皆香濃。

諾曼地人吃烤米布丁時，通常還會搭配飲用蘋果氣泡淡酒或奶油麵包。

材料

- 1000g 牛奶
- 90g 煮熟圓米
- 50g 細砂糖
- 10g 香草粉或 5g 香草精
- 少許豆蔻粉
- 少許肉桂粉

份　　量：4~6 人份	
難 易 度：★ ☆ ☆	
烤箱溫度：160 ℃	
烘烤時間：20 分鐘	

作法

1　準備好 90g 煮熟圓米。

2　在深鍋裡放入一湯匙水（比較不容易焦底）。

3　放入牛奶和糖。

4　加入肉桂粉、豆蔻粉、香草粉（精）混合均勻加熱。

5　等到牛奶滾沸後加入煮熟圓米。

6　繼續以小火烹煮 30 分鐘，用木棒隨時攪拌一下，以免焦底。

7 等圓米奶漿變濃稠後離火。

8 裝入烤模中。

9 放入預熱 10 分鐘的烤箱以 160℃的火溫烘烤 20 分鐘。

10 烤至米布丁的表層完全著色後離火，熱食或放涼吃皆可。

小叮嚀

1 將米布丁放在中層烘烤，等到最後 5 分鐘再移至烤箱上層著色。

2 可熱食、溫食或冷藏食用。冷藏食用時，可在米布丁表面放上柳橙果丁增加風味。
   喜歡葡萄乾的讀者，則可以在煮圓米時加入葡萄乾一起烹煮，做出不同口味的米布丁。

3 烘烤時牛奶糊很容易溢出來，最好選擇高一點有底的瓷模具，裝至六分滿再送烤箱烘烤，
   或鋪上烘焙紙再放上烤模，就比較不會弄髒烤盤。

5-2　*Teurgoule*

法國
東北

kouglof

5-3
亞爾薩斯奶油圓蛋糕
Kouglof

又名 Kougelhof、kugelhof 和 kugelhopf，是法國東北亞爾薩斯省的著名糕點。亞爾薩斯位於法國和德國邊界，而這糕點在德國、奧地利、捷克等國也見得到蹤影，因此在寫法和發音上略有不同。

它的來源有兩種傳說。一是在亞爾薩斯 Ribeauvillé 鎮，首次由東方三賢士製作來銘謝款待他們並提供住宿的麵包師傅庫格爾（Kugel），蛋糕外形有如東方三賢士的頭巾。另有一說它源自 kugelhut 一字，kugel 意指「球」，Hut 則是「帽子」，當時史特拉斯堡國會議員帶著這種叫 kugelhut 的帽子。而 hopfen 德語是「啤酒花」，因此 Kugelhof 可能意指含有酵母的麵團。

亞爾薩斯奶油圓蛋糕是用特殊圓形烤模烘烤出來，波浪狀的模型內部不僅可形塑出圓蛋糕的特殊造型，中間的空心柱也讓蛋糕中心受熱快速，比較容易烘烤。可做成各種口味，主要材料以麵粉、糖、蛋、無鹽奶油四大基本材料為主，也可在配料上稍加更改成自己喜歡的口味，如堅果、葡萄乾、糖漬水果乾、巧克力等。

亞爾薩斯每年的耶誕市集上，都少不了這道最富地方特色的糕點名產。口感界於麵包和蛋糕的奶油圓蛋糕，平時可當早餐、午茶點心，是亞爾薩斯和法國各地深受歡迎的糕點之一！

1. 洛里昂最有人氣的 Le Goff 糕點店販賣的亞爾薩斯奶油圓蛋糕。
2. 亞爾薩斯麵包店櫥窗展示著剛出爐的奶油圓蛋糕和耶誕木柴蛋糕（圖片提供：Chia Fang Tsai）。
3. 亞爾薩斯奶油圓蛋糕適合當早餐和午茶點心。（圖片提供：Hsin-Ying Huang）

| 份　　量：6 人份 |
| 難 易 度：★ ★ ☆ |
| 烤箱溫度：200℃ |
| 烘烤時間：45 分鐘 |

材料
· 90g 黑白色混合的葡萄乾、杏桃乾（或糖漬水果）　· 250g 高筋麵粉　· 125g 無鹽奶油　· 20g 熱水
· 60g 細砂糖　· 15g 麵包專用發粉　· 150g 牛奶　· 5g 食鹽　· 3 顆全蛋　· 少許糖粉　· 少許蘭姆酒

作法
1　杏桃乾切成小丁。
2　放入碗裡與黑白葡萄乾混合後倒入 20g 熱水。
3　加入 20g 蘭姆酒用手混合一下，靜置浸泡入味備用。

4 烤模塗上少許奶油備用。

5 剩下的無鹽奶油放到微波爐加熱 10 秒鐘備用。

6 牛奶放入微波爐加熱 10 秒鐘，溫牛奶放入麵包專用發粉靜置 5 分鐘。

7 大缽裡放入過篩的麵粉。

8 加入細砂糖、鹽、蛋。

9 加入靜置 5 分鐘的發粉牛奶。

10 用手混合至麵糊光亮平滑均勻。

11 加入軟化後像軟膏的無鹽奶油。

12 再混合均勻。

13 用濕布（或保鮮膜）蓋上大缽靜置 1 小時至麵團發酵成兩倍大。

14 把黑白葡萄去掉多餘的水分。

15 放入麵團糊。

16 一起混合均勻。

17 倒入塗好奶油的烤模中靜置一小
時，發酵至兩倍大。

18 放入 200℃預熱好的烤箱內，烘烤
45 分鐘。（小型烤模約 25 ～ 30
分鐘）。

19 移出烤箱。

20 倒放脫模放至冷卻。

21 食用前撒上少許糖粉即可食用。

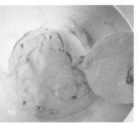

小叮嚀

1 若想在蛋糕外圍黏貼上杏仁片，可在塗完奶油的烤具上撒上少許杏仁片，再順轉一圈使杏仁片
與奶油黏貼即可。

2 亞爾薩斯奶油圓蛋糕比較偏向奶油麵包，放在陰涼處可保存好幾天，很適合當早餐配咖啡或茶
一起食用。

3 麵團膨脹發酵至兩倍大再送進烤箱烘烤，會比較蓬鬆。台灣的天氣比較炎熱，麵團發酵速度較
快，如果不到一小時就發酵至兩倍大，即可馬上烘烤，不必等到一小時後再烘烤。

4 想減少奶油或不加入奶油也可以，製作出來會比較像麵包版的亞爾薩斯奶油圓蛋糕，對膽固醇
過高的人是不錯的製作配方。

5-3 　 *Kouglof*

5-4
亞爾薩斯香料麵包
Pain d'épices

起源於 13 世紀，由重奶油蜂蜜蛋糕加上不同
種類的香辛料混製而成，界於麵包和蛋糕
間的傳統糕點。由於法國東北的亞爾薩斯與德國
相鄰，在傳統糕點和飲食上也有相同之處，例如
香料麵包和酸菜香腸豬腳等。

　　香料麵包是由麵粉、蜂蜜、糖、蛋及香辛料調和後烘烤的軟式甜糕點，外型上比較像
麵包蛋糕。我喜歡偶爾在早餐喝咖啡時配上幾片香料麵包，變換一下烤麵包塗果醬、奶
油和麥片牛奶的一成不變形式。這道傳統糕點一年四季都在大型超市的麵包餅乾陳列架
上，不必等到耶誕節每天都吃得到。

　　香料麵包因加入各式香辛料，吃時嘴裡散發不同層次的香料味非常特別。這道配方是
一起參加烘焙課的法國朋友瑪莉芙傳授給我的，她說香料麵包剛烤好時吃起來不夠香，
沒有辦法馬上融合其香味，必須放涼後用保鮮膜包起來，放置於密封袋幾天後等它回油，
吃起來才會散發出各種香料的芬芳，再配上一壺茶或咖啡更對味。

材料

- 220g 低筋麵粉
- 100g 黃細砂糖
- 100g 蜂蜜
- 120g 無鹽奶油
- 2 顆全蛋
- 3g 食鹽
- 5g 泡打粉
- 少許晶糖
- 5g 綜合香辛粉（薑粉、豆蔻粉、肉桂粉、丁香粉等）

	份　　　量：4~6 人份
	難 易 度：★ ☆ ☆
	烤箱溫度：180 ℃
	烘烤時間：約 1 小時

作法

1　無鹽奶油放入微波爐加熱 30 秒後放涼。

2　鋼鍋裡放入麵粉、泡打粉、食鹽、綜合香辛粉
　一起混合均勻備用。

3　大缽裡放入兩顆全蛋。

4　加入黃砂糖混合均勻。

5　加入冷卻後的無鹽奶油、蜂蜜混合均勻。

6　加入混好的粉類拌勻成麵團。

7　包上保鮮膜放冷藏，
　醒麵 12 個小時。

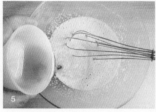

8　烤具鋪上烘焙紙。

9　放入醒好的麵團。

10　麵團撒上少許晶糖（可加可不加）。

11　放入 180℃預熱 10 分鐘的烤箱烘烤約 1 個小時。

12　移出烤箱倒放在涼架上冷卻。

13　裝盤食用。

5-4　*Pain d'épices*

5-4

耶誕樹薑餅
Sapin en pain d'épice

這個配方的麵團比較硬，口感比較像餅乾，適合作為耶誕樹上的裝飾，或是送給小朋友當伴手禮點心。

這薑餅多加了麵粉，減少奶油和蜂蜜成為較硬的麵團，擀成 0.3 公分厚、15 公分長的耶誕樹或人形造型，然後在麵團頂端打上一個洞，放入烤箱烘烤。放涼後，在薑餅上以蛋白糖霜裝飾，蛋白糖霜加入少許食用色素可變化不同顏色，更引人垂涎。

蛋白糖霜得完全硬化風乾後，薑餅再綁上緞帶或細繩子，掛上耶誕樹作裝飾，或用保鮮袋包起來放在陰涼處幾天後再食用，味道會比剛烤出來的時候更香更好吃。

材料

- 500g 低筋麵粉 ・120g 黃細砂糖 ・50g 蜂蜜
- 60g 無鹽奶油 ・2 顆全蛋 ・3g 食鹽
- 5g 綜合香辛粉（薑粉、豆蔻粉、肉桂粉、丁子香粉等）
- 5g 泡打粉

裝飾用糖霜

- 150g 糖粉或細砂糖 ・1 顆蛋白 ・幾滴檸檬濃縮汁
- 少許融化裝飾用黑巧克力（黑巧克力扳成小塊，隔水加熱融化）

份　　量：	大的 8~10 個 小的 35~40 個
難 易 度：	★ ★ ☆
烤箱溫度：	180 ℃
烘烤時間：	大的 20~25 分鐘 小的 15~20 分鐘

作法

1　厚紙板畫上耶誕樹或人形、星形造型約 15 公分高，剪下備用。

2　無鹽奶油放入微波爐加熱 30 秒，移出放涼。

3　鋼鍋裡放入麵粉、泡打粉、食鹽、綜合香辛粉一起混合均勻備用。

4　大缽裡放入兩顆全蛋。

5　加入黃砂糖混合均勻。

6　加入冷卻後的無鹽奶油、蜂蜜混合均勻。

7　加入混好的粉類拌勻。

8　揉成薑餅麵團。

9　烤具鋪上烘焙紙。

10　麵團擀成厚 0.3 公分的平麵團。

11　將畫好的厚紙板放在麵團上，用切麵刀或一般小刀照紙樣的形狀切割麵團，
　　或用現成的塑膠模型壓成型（圖 11、11-1）。

12　切割好的麵團用平面塑膠刮刀刮起。

13　放在鋪好烘焙紙的烤盤上。

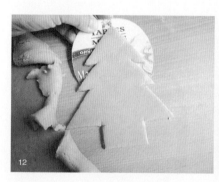

14 用筷子在耶誕樹頂端下約 2 公分處壓下一個洞口。

15 放入180℃預熱好10分鐘的烤箱烘烤，大的烤約20～25分鐘，小的約15～20分鐘，
   烤至餅乾表面均勻著色後即可離火。

16 靜置放涼。

17 鋼鍋裡放入 150 糖粉或細砂糖，隔水加熱。

18 加入一顆蛋白和幾滴檸檬汁。

19 用打蛋器攪打至蛋白與細砂糖完全融化並發泡完全混合。

20　舀入用烘焙紙製作的簡易擠花嘴約七分滿。

21　將頂端的封口封好。

22　用剪刀剪開切口（開口小一點可控制流量，太大會流得到處都是）。

23　擠在放涼的造型薑餅上，以自己喜歡的樣子裝飾上黑巧克力或蛋白糖霜。

24　靜置幾個小時，糖霜完全乾燥後再綁上緞帶或細繩子，裝入盒中裝飾一下
　　做成伴手禮。

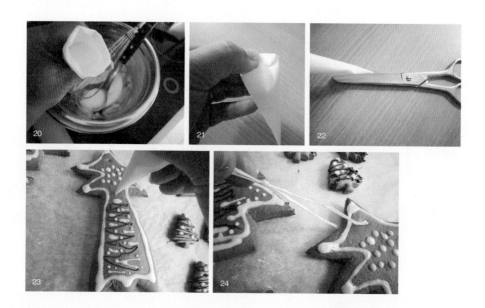

小叮嚀

1　步驟 11 切割麵團前，先在厚紙板撒上少許麵粉再切割，否則很容易沾黏麵團。

2　外形若做失敗，可重新揉合麵團後再擀平，麵團可無數次擀平，並不會影響烘烤後的口感。

3　薑餅在烘烤膨脹後也許洞口會封住，等餅乾放涼後用牙籤小心再戳一下洞口。

4　裝飾用的糖霜可先用掉一半的蛋白原色糖霜裝飾，再滴入幾滴食用色素攪拌均勻換成其他
　　顏色。

5　糖霜在鋼鍋裡變硬後，可再隔水加熱，就會變成較稀的液狀。黑巧克力隔水加熱後與蛋白
　　糖霜裝入簡易擠花袋裡擠花作裝飾。

Sapin en pain d'épice

5-5
黃香李塔
Tarte aux mirabelles

黃香李是一種黃色小甜李，是李子的亞種，原產地在法國東北洛林區。結果季節是每年夏季 8~9 月。黃香李約硬幣大小，肉多籽小。成熟的果實嘗起來很甜美，可當水果生吃；不熟的黃香李則偏酸。製作黃香李塔最好選擇成熟李子為佳，但若喜歡帶點酸味，選擇較不成熟的果實也是不錯的選擇。

我還記得 2009 年夏季，母親來法探望我。朋友家種植了好幾顆黃香李樹，當年結滿整樹的果實。她母親採擷未成熟的黃香李製成醃果子，特意送了一大罐給我母親，還拿了一大袋成熟黃香李給母親品嘗。母親吃過之後直說香甜，回台灣還特別懷念黃香李。我想在她法國探親之旅的記憶中，黃香李是她吃過最好吃的李子，也是最甜美的回憶吧！

每年 8 月，亞爾薩斯各大城市都會舉辦一年一度的黃香李節。大家可能多知道亞爾薩斯以產白酒聞名，卻不知道黃香李也能製成蒸餾酒。黃香李酒可純飲，也可當調味酒，特別適用於製作糕點，只要放上幾滴就能為糕點增添好風味。

台灣也許找不到黃香李，讀者可以用台灣的黃李子或罐頭水蜜桃代替，但請選擇較成熟的黃李對切去籽，相信製作出來的成品應該也很美味。

材料

- 100g 牛奶
- 100g 液態鮮奶油
- 2 顆全蛋
- 2 顆蛋黃
- 50g 細砂糖
- 10g 香草粉（少許香草精）
- 300g 黃香李
- 一份做好的甜塔皮
（請見「3-6 甜塔皮」作法）

| 份　　量：6~8 人份 |
| 難 易 度：★ ★ ☆ |
| 烤箱溫度：180℃ |
| 烘烤時間：30~40 分鐘 |

作法

1　製作好一份甜塔皮備用。

2　黃香李洗淨擦乾備用。

3　烤模撒上少許麵粉。

4　甜塔皮分成需要的等份，擀成小圓形（若用大塔模就擀成大圓形）。

5　圓形甜塔皮放上模具，稍加整型塔皮的外觀備用。（若沒有耐熱塑膠烤模，可用一般小烤模或大烤模，先鋪好烘焙紙，再放上塔皮，再鋪上一張烘焙紙，放上烘焙石，放入 180℃預熱好的烤箱烘烤 15 分鐘。）

6　深鍋裡放入牛奶預熱。

7 鋼鍋裡放入液態鮮奶油、細砂糖、香草粉（精）稍為混合一下（圖 7、7-1）。

8 加入全蛋、蛋黃。

9 稍微攪拌均勻。

10 倒入預熱的牛奶至牛奶蛋糊裡。

11 攪拌均勻，不要攪拌到出泡泡。

12 將蛋奶糊倒入甜塔皮內約六分滿。

13 放上黃香李。

14 放入 180℃預熱 10 分鐘的烤箱烘烤 30 ～ 40 分鐘。

15 移出烤箱放冷藏兩～三小時，即可食用。

小叮嚀

1　可用大型塔模來烘烤黃香李塔。

2　黃香李太小去籽不易，食用時要特別小心。

3　若手邊有杏桃酒，可加入少許與蛋奶糊一起混合增加內餡風味；蛋奶糊裝至塔皮的六分滿即可，否則放上黃香李後奶糊容易溢出。

4　傳統的吃法是黃香李塔搭配糖奶油醬一起食用。糖奶油醬的配方是 50g 軟化無鹽奶油打至發白後，加入 50g 糖水（或糖粉）繼續打發混合，再混入 150g 打發後的發泡蛋糕鮮奶油混合均勻，放至冰箱冷藏後與黃香李塔一起搭配食用。

5-6

藍莓塔

Tarte aux Myrtilles

由無鹽奶油、麵粉、蛋、糖粉製成甜塔皮，塔皮上平鋪上冷凍藍莓混合著糖粉的內餡，加以烘烤而成。以下配方在塔皮部分加了少許杏仁粉，讓塔皮增加杏仁風味，這甜塔皮可使用於其他種類的水果塔，如水蜜桃塔、草莓塔、奇異果塔等。

在法國，藍莓塔是傳統的季節性糕點，也是盛產藍莓的法國東北地區的主力糕點。在孚日省（Vosges），藍莓塔又稱為 Tarte aux brimbelles，每逢盛產的季節，不論大型超市，還是糕點麵包店都可以見到它的蹤影；如果不是盛產季節，同樣也可在專賣冷凍食品的大型商店買到冷凍藍莓。我還記得我們一家還住在台灣的時候，我偶爾也做藍莓塔給外子老米和兒子小米享用，可是當時台灣的藍莓幾乎都是美國進口的罐頭果醬，做出來的藍莓塔比較不到味。現在台灣要找進口食材已不似十幾年前困難了，應該找得到冷凍的新鮮藍莓。

藍莓塔不只是法國東北部的傳統糕點，美國、加拿大、芬蘭等國也將藍莓塔視為傳統糕點。它可冷食，也可在微溫的時候品嘗，我則喜歡冰涼後加上少許發泡奶油或英式香草奶黃淋醬混著一起吃，或是加上一匙香草冰淇淋也是不錯的搭配。

材料

杏仁塔皮部分

- 125g 無鹽奶油 ・ 220g 低筋麵粉
- 30g 杏仁粉 ・ 100g 糖粉 ・ 1 顆全蛋

藍莓餡部分

- 200g 冷凍藍莓 ・ 20g 麵粉 ・ 60g 糖粉

份　　　量：6 人份	
難 易 度：★ ★ ☆	
烤箱溫度：180 ℃	
烘烤時間：30~40 分鐘	

作法

1　無鹽奶油放置在室溫中軟化備用。

2　冷凍藍莓放在室溫中退凍。

3　大缽裡放入麵粉、糖粉、杏仁粉。

4　混合均勻。

5　加入軟化後的奶油。

6　用手搓至混合均勻。

7　加入全蛋再混合均勻。

8　用手攪拌成光滑的麵團放入冷藏 20 分鐘。

9　模具上鋪上烘焙紙。

10　將塔皮擀成圓形。

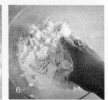

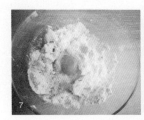

11　用擀麵棍捲起塔皮，放在模具上。

12　去掉多餘的塔皮。

13　用叉子均勻叉上洞。

14　再鋪上一張烘焙紙。

15　放上黃豆或烘焙石。

16　放入 180℃ 預熱好 10 分鐘的烤箱烘烤 20 分鐘。

17　移出烤箱。

18　將退凍的藍莓混合麵粉、糖粉攪拌均勻。

19　將混好糖麵粉的藍莓倒入烤好的塔皮上撫平。

20　再放入烤箱烘烤 15~20 分鐘。

21　移出烤箱放涼後，放入冷藏兩～三小時小時即可上桌享用。

| 5-6 | *Tarte aux myrtilles* |

小叮嚀

1　塔皮叉上洞是為了讓塔皮在烘烤時能透氣不膨起。

2　退凍後的藍莓洩出水分的話，稍加濾乾後再和麵粉、糖粉混合。
　　也可在藍莓塔完全冷卻後裝飾上像杏桃塔的糖水鏡面膠。

5-7

巴巴蘭姆酒蛋糕

Baba au rhum

起源於 18 世紀，是一種浸泡過蘭姆酒糖水的蛋糕。18 世紀初，波蘭國王史塔尼斯拉斯（Stanislas Leszczynski）成為法國東北洛林（Lorraine）的公爵。留鬍子的公爵熱愛美食但沒牙，無法享用最喜歡的亞爾薩斯奶油蛋糕（Kouglof），於是廚子特別在奶油蛋糕上淋上托卡伊葡萄酒（Vin de Tokay），方便公爵食用。

巴巴蘭姆酒蛋糕的原產地在波蘭。公爵說蛋糕的外型很像波蘭祖母穿的連身裙，而祖母的波蘭文為 babcia（老婦或祖母），加上鬍子的法文發音近似 baba，才有了這個特別的名字。之後由巴黎糕點師傅史托黑（Nicolas Stohrer）以蘭姆酒代替托卡伊葡萄酒或坦西利口酒（Liqueur de Tanaisie），成為現今亞爾薩斯的傳統糕點之一。

這道糕點也很受義大利拿坡里人喜愛，除了蘭姆酒口味外，也淋上檸檬利口酒，或在巴巴蛋糕上加一球香草冰淇淋。

製作時使用類似亞爾薩斯奶油圓蛋糕的空心圓柱型烤模，有大型與小型兩種尺寸。一般糕點店販售的是小型烤模製成，直徑約 6 公分，高約 2 公分，中間空心部分易烘烤成褐黃色，浸泡酒糖水時較容易吸附飽滿糖水。

專業用烤模，大賣場並無販售，得在糕點器具專賣店或網路上訂購。我家沒有這種專業用烤模，便用有底的瓷器烤模來代替，外型雖然無法與專業的相比，烘烤後的顏色也不夠深，但還是很美味。宴客時，以此道糕點當作飯後甜點，另外準備一小盅蘭姆糖水供客人取用，加入巴巴蘭姆酒蛋糕中增添風味。

份　　量：6 人份	
難 易 度：★ ★ ☆	
烤箱溫度：180 ℃	
烘烤時間：15 分鐘	

材料

• 150g 高筋麵粉　• 80g 無鹽奶油　• 60g 牛奶
• 2 顆全蛋　• 7g 麵包專用發粉　• 3g 食鹽　• 20g 細砂糖　• 少許蛋黃水（塗麵皮用）　• 80g 細砂糖
• 400g 水　• 100g 蘭姆酒　• 少許發泡鮮奶油（裝飾用，請參考「3-10 發泡鮮奶油」作法）

作法

1　深鍋裡放入糖和水，煮成糖水（圖 1、1-2）。
2　加入蘭姆酒混合放涼備用。

3　牛奶放入碗中用微波爐預熱 10 秒鐘。

4　無鹽奶油在室溫中軟化備用。

5　在放有牛奶的碗裡放入麵包專用發粉靜置 5 分鐘。

6　大缽裡放入麵粉、糖、鹽。

7　用手攪拌均勻大缽裡的材料。

8　加入蛋用電動攪拌器攪打一下。

9　加入發酵粉水，用低速攪拌以免水濺出來。

10　繼續用中速攪打約 2 分鐘。

11　加入軟化後的無鹽奶油。

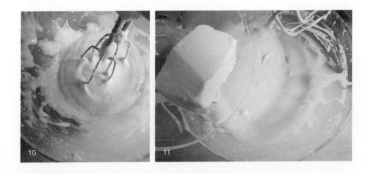

12　繼續攪打混合均勻。

13　蓋上保鮮膜醒麵，使麵團脹至兩倍大。

14　烤模塗上奶油備用。

15　麵團放在烤模上。

16　再讓麵團靜置發酵膨脹約 30 分鐘。

17　麵團塗上蛋黃水。

18　放入 180℃預熱好 10 分鐘的烤箱烘烤 15 分鐘。

19　移出烤箱，倒放在烤架上放涼（圖 19、19-1）。

20　麵包放入蘭姆酒糖水中，兩面都翻面浸泡一下。

21　直到麵包完全吸收酒糖水。

22　移出放至有底的盤子上。

23　再淋上幾滴蘭姆酒。

24　擠上少許發泡鮮奶油裝飾，移至冷藏一小時。食用前再倒入一些蘭姆糖水即可。

小叮嚀

1　每個人對酒味的口味輕重不同，可自己斟酌增減蘭姆酒的含量。

2　想讓酒糖水更容易吸入蛋糕中，可在蛋糕中央用刀子小心劃個十字，
　　但別把蛋糕劃開，這樣浸酒糖水時比較容易吸附。

5-7   *Baba au rhum*

5-8
瑪德蓮小蛋糕
Madeleine

源自 18 世紀的法國東北洛林，出身柯梅西（Commercy）的女僕瑪德蓮·波米耶（Madeleine Paulmier），幫伯爵夫人製作此點心送給洛林公爵史塔尼斯拉斯。1769 年，瑪德蓮出現各種不同尺寸的貝殼外形，並由史坦尼斯拉斯引入上流社會，1845 年以後更在整個歐洲上流社會引起風潮。之後在二次大戰前夕，這道點心才開始大量製造販賣，成為洛林的名產。

我剛來法國時，經常看到超商門前的展示櫃上擺放著一包包馬德蓮，從沒想過要買來嘗嘗。後來有一次在咖啡館喝咖啡，店家附上的點心就是瑪德蓮蛋糕。當時有點餓的我初次品嘗到瑪德蓮的奶香味，一個吃不夠還搶了外子老米的那一份。從此以後，去超商購物都會多帶一大包瑪德蓮。幾年前還只能見到原味瑪德蓮，現在已增加多種選擇，有巧克力、檸檬或開心果等口味滿足消費者的味蕾。

瑪德蓮非常適合當午後點心，搭配咖啡或茶一起品嘗，最適合不過。它還出現在法國大文豪普魯斯特（Marcel Proust）的文學鉅著《追憶似水年華》裡，主人公就是透過瑪德蓮和熱茶的氣味，將過往塵封的記憶一一召喚回來……

份　　量：約 18 個
難 易 度：★ ☆ ☆
烤箱溫度：180 ℃ ~240 ℃
烘烤時間：10~15 分鐘

材料

• 120g 細砂糖 • 150g 低筋麵粉 • 125g 無鹽奶油 • 20g 蜂蜜 • 5g 泡打粉 • 3 顆全蛋
• 2g 食鹽 • 半顆柳丁汁 • 少許柳橙皮 • 七彩巧克力米 • 巧克力醬

作法

1 無鹽奶油放室溫軟化備用。

2 取少許柳橙皮去掉內皮白色部分，切成細絲，半顆柳丁擠汁備用。

3 無鹽奶油用打蛋器攪拌打發至變白放一旁備用。

4 另一個缽中放入細砂糖，加入三顆全蛋、食鹽、蜂蜜攪拌均勻。

5 放入泡打粉和麵粉拌勻。

6 拌入打發變白的無鹽奶油混合。

7 麵糊靜置 10 分鐘，將麵糊分三等份，分別加入柳橙皮和柳橙汁、巧克力醬、七彩巧克力米（圖 7 ～ 7-3），再個別混合均勻。

8 烤模塗上奶油。

9 用湯匙舀起麵糊到烤具上，七分滿即可（因為烘烤時會膨脹）。

10 將模具平放在烤盤上，放入 240℃預熱 10 分鐘的烤箱裡。

11 放入烤箱後將火溫調降至 200℃，烘烤 4 ～ 5 分鐘後再降溫到 180℃烤 3 ～ 5 分鐘。

12 移出烤箱倒扣放涼即可食用。

小叮嚀

1 麵糊放入烤模時，請勿裝滿，只要七分滿就好，因為烘烤時還會膨脹。

2 烤箱溫度分三種不同溫度烘烤讓麵糊瞬間膨脹，最後調到 180℃，不然烤好放涼的瑪德蓮吃起來會太乾。

3 巧克力醬可以買現成的，或用 50g 黑巧克力磚分成小塊後隔水融化放涼備用。

法國
中部

Hôtel Tatin
Caroline &
Stéphanie

5-9
歐貝拉蛋糕
Opéra

1960 年由法國糕點大師勒諾特（Gaston Lenôtre，1920-2009）所創始。法文字面上的意思為「歌劇院蛋糕」，由三層杏仁夾心餅乾蛋糕，再塗上一層巧克力餡和一層咖啡奶油餡，不論感官視覺或是口感層次上，都有不同的感覺。

　　一般法國家庭很少會自己製作歐貝拉蛋糕，因為甜點店的蛋糕外型比自製的精緻多了；除非女主人手藝高超，從開胃前菜到飯後甜點，不假他人之手全部自己搞定。法國女人多喜歡在宴客時輕鬆上菜，打扮美麗地招呼客人，不喜歡宴客時還忙進忙出，所以有些繁雜的菜色或甜點多在前幾天就做好放在冷凍庫，前一天再退凍或乾脆買現成的。而製作歐貝拉蛋糕，可在前一天先做好杏仁夾心蛋糕，讓蛋糕完全冷卻，隔天再製作夾心餡。

　　這道甜點雖然產於法國，卻是日本人把它發揚光大，揚名台灣。日本人愛吃法國甜點的瘋狂程度令人咋舌，法國甜點更是透過日本節目的介紹，為國人所熟知，如蒙布朗（Mont Blanc）栗子蛋糕、歐貝拉蛋糕（歌劇院蛋糕）、奶黃餡泡芙等。雖然它們在製作上有些難度，但只要帶著有志者事竟成的態度去製作，一定會有令人驚喜的成果。

份　　量	6 人份
難 易 度	★★★
烤箱溫度	250℃
烘烤時間	6~7 分鐘

材料

夾心餅乾蛋糕（請參考「3-5
夾心餅乾蛋糕」的作法）

- 145g 細砂糖
- 125g 杏仁粉
- 30g 低筋麵粉
- 25g 無鹽奶油
- 4 顆全蛋

夾心巧克力餡

- 200g 黑巧克力
- 150g 液態鮮奶油
- 2 茶匙濃縮即溶咖啡粉

夾心奶油咖啡餡

- 150g 細砂糖
- 200g 無鹽奶油
- 70g 水
- 6 茶匙濃縮即溶咖啡粉
- 2 顆全蛋

蛋糕頂層巧克力鏡面裝飾

- 100g 黑巧克力
- 100g 液態鮮奶油

作法〔夾心巧克力餡〕

1　巧克力扳成小塊放在鋼鍋裡備用。
2　深鍋裡放入液態鮮奶油用中火加熱
　　至沸騰。
3　放入濃縮咖啡粉。
4　攪拌使其混合均勻。

5　倒入鋼鍋裡與扳成小塊的巧克力混合。

6　用湯匙混合均勻。

7　放至冷卻備用。

作法〔夾心奶油咖啡餡〕

1　無鹽奶油放室溫軟化備用。

2　濃縮咖啡粉加 10g 熱水混合均勻放至冷卻備用。

3　深鍋裡將細砂糖加入 60g 水滾變濃稠。

4　將糖水慢慢加入鋼鍋裡的蛋液中。

5　一邊加入糖水，一邊用電動攪拌機攪打至蛋糖糊冷卻為止。

6　加入無鹽奶油。

7　繼續攪拌打發變白。

8　加入冷卻後的濃縮咖啡水。

9　繼續攪拌至均勻為止備用。

作法〔組合歐貝拉蛋糕〕

1　夾心蛋糕用刀子切開分成三等份。

2　放上一張夾心蛋糕作底，塗上一層巧克力餡。

3　放上咖啡奶油餡。

4　均勻塗上一層咖啡奶油餡。

5　蓋上一層夾心蛋糕。

6　均勻塗上一層巧克力餡。

7 放上咖啡奶油餡。

8 均勻塗上一層咖啡奶油餡。

9 蓋上最後一層夾心蛋糕。

10 包上保鮮膜放置冰箱冷藏一小時。

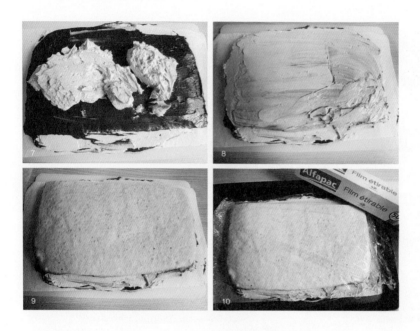

11 深鍋裡放入 100g 扳成小塊的黑巧克力，用中火隔水加熱。

12 加入 100g 液態鮮奶油。

13 混合加熱融化攪拌均勻，放置微溫。

14　蛋糕放在涼架上，再放至鋪好烘焙紙的烤盤上，將巧克力倒在蛋糕表面上。

15　用蛋糕抹刀抹平使其均勻鋪滿整個蛋糕面，讓兩旁多餘的巧克力滴完。

16　小心地移至鋪好烘焙紙的烤盤上，放入冷藏一小時。

17　將四邊切掉一些凹凸不平的蛋糕，在蛋糕上做裝飾後即可上桌。

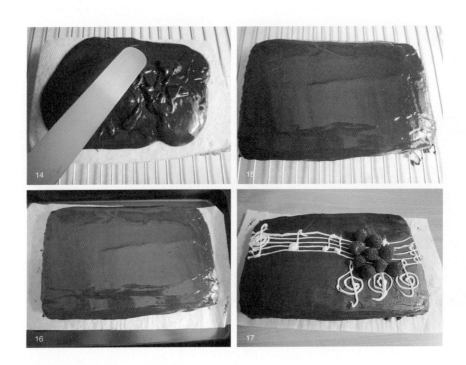

小叮嚀

1　若喜歡帶點酒味的歐貝拉，可在夾心餅乾部分刷上白蘭地或橘香甜酒加糖水調成
　　的酒糖液，就是帶酒香的歐貝拉蛋糕。

2　可在鏡面巧克力上放一張蛋糕裝飾的金錫紙，或在鏡面巧克力上做自己喜歡的裝
　　飾，或者什麼也不裝飾的自然風歐貝拉。

3　若是冰箱溫度太冷，歐貝拉蛋糕表面的巧克力裝飾會裂開影響美觀。若想補裂痕，
　　可將蛋糕放常溫 10 分鐘，再用手指撫平裂痕即可恢復美觀。

5-9　*Opéra*

5-10

巴黎蛋塔
Flan parisien

起源於法國中世紀為國王亨利四世的加冕
會所準備的糕點，又稱 Flan pâtissière，
以塔（派）皮為底，再放入以牛奶、雞蛋等
材料混合烘烤而成。這道食譜早在 14 世紀就已存在，
內餡與一般水果塔的內餡相同，主要材料以蛋、糖、玉米粉、牛奶混合製成；帶稀狀還
未凝結前，法國人稱為英式奶黃淋醬（Crème anglaise），通常當作蛋糕淋醬或裝飾醬汁。
略帶凝結時叫奶黃餡（Crème pâtissière），經常用在泡芙內餡或蛋糕中間夾層的塗醬、
水果塔中間的內餡。

　　巴黎蛋塔的內餡不稀也不硬，有點類似葡式蛋撻的口感。軟而濃郁的奶香味配上香酥
派皮好吃不黏膩，可用大型塔模製作成多人份蛋塔，放涼冷藏後切片食用。很適合牙口
較差的小朋友和老年人吃，當午茶小點也很棒！

　　現今研發出不同配方，如巧克力、咖啡、椰香等，常見到許多法國上班族，中午外食除
了買棍子火腿起士三明治外，也會順便帶上巴黎蛋塔作為飯後甜點，為午餐畫下完美句點。

材料

• 一張派皮或甜塔皮（請參考「3-6 派皮＆塔皮」的作法）

• 3 顆蛋黃

• 70g 玉米粉（或卡式達粉和蛋塔專用粉）

• 150g 細砂糖

• 20g 香草粉（或一茶匙香草精）

• 750g 全脂牛奶

份　　量：6 人份
難 易 度：★ ☆ ☆
烤箱溫度：200℃
烘烤時間：35 分鐘

作法

1　烤具鋪上烘焙紙。

2　塔皮放上烤具，去掉旁邊多餘的派皮。

3　塔皮上用叉子均勻叉上洞。

4　再放上一張烘焙紙。

5　烘焙紙上平均鋪上烘焙石。

6　放入 200℃ 預熱好 10 分鐘的烤箱烤 10 分鐘。（大型烤模 15 分鐘）

7　牛奶放入深鍋中以小火預熱。

8　玉米粉、細砂糖和香草粉（精）用打蛋器拌勻。

9　加入少許加熱的鮮奶拌勻。

10　放入 3 顆蛋黃攪拌均勻。

11　再把混合好的蛋奶糊倒入深鍋中。

12　以中火一邊加熱一邊攪拌直到蛋奶糊稍微帶稀狀，第一次煮滾後離火，繼續攪拌均勻後備用。

13　移出烤箱裡的塔皮，拿掉烘焙紙。

14　倒入蛋奶糊至八分滿。

15　放入烤箱烤 25 分鐘讓塔皮表面著色。（大型烤模則 35 分鐘）

16　移出烤箱趁微溫食用，或放至冷藏冰涼地吃皆宜。

小叮嚀

1　蛋奶糊混合加熱時，等到第一次煮沸後馬上離火並急速攪拌均勻，軟硬度應是適中的不軟也不
　　硬。太硬的蛋奶糊在烘烤及冷藏後內餡會變較硬，太稀在切片時會影響美觀。

2　可用多人份大型烤模或小型一人份烤模皆可。底皮部分可用派皮和塔皮，我個人較偏愛像葡式
　　蛋撻的口感。

3　可變化不同口味，如巧克力或檸檬、咖啡等，只要在步驟 8 多加入 20g 黑可可粉或融化巧克力
　　一顆檸檬汁、2 匙急溶濃縮咖啡粉（咖啡粉可與預熱牛奶一起融化）等，依照個人口味輕重適量
　　增減，就可變化出各種風味的巴黎蛋塔。

5-10   *Flan parisien*

5-11
巴黎−布列斯特泡芙
Paris-Brest

以泡芙麵糊為主體製作成類似甜甜圈外型的泡芙，撒上杏仁片烘烤後橫切成半，中間夾上榛果奶油餡再撒上糖粉的法式傳統糕點。

它是糕點師傅杜杭（Louis Durand）於 1910 年所發明，他從當時在巴黎和布列斯特舉行的自行車賽得到創作靈感，泡芙圓形中空的外形就宛如自行車的輪胎。

巴黎和布列斯特之間距離約六百公里遠，布列斯特位於不列塔尼省西方，距離我住的洛里昂約兩小時車程，是個兼具商業和軍用的海港城市。外子老米的祖母是布列斯特人，而巴黎是我喜愛的城市，對於這兩地總有股特別的感覺。

巴黎−布列斯特泡芙的中間夾餡是榛果奶油餡，以奶黃餡為主混合無鹽奶油打發，再加上榛果粉的夾心內餡。不僅可用作泡芙的內餡，也可作為蛋糕夾層的夾餡。鄰居丹尼爾太太吃過我的巴黎−布列斯特泡芙，每次見到我總會打趣說：「何時能再嘗到巴黎−布列斯特啊？」相信丹尼爾太太是被泡芙裡榛果奶油餡的榛果芬芳給迷住了吧！

份　　量：4~6 人份
難 易 度：★ ★ ★
烤箱溫度：200℃
烘烤時間：約 40 分鐘

材料

• 100g 水　• 50g 無鹽奶油　• 5g 食鹽　• 100g 低筋麵粉
• 3 顆全蛋　• 少許杏仁片　• 125g 榛果粉　• 100g 細砂糖　• 30g 水　• 50g 無鹽奶油
• 一份放涼的奶黃餡（請參考「3-12 奶黃餡」的作法）

作法

1　深鍋裡放入水、無鹽奶油、食鹽以中火煮沸。

2　沸騰後加入麵粉。

3　用木棒或攪拌棒急速攪拌直到麵粉和奶油水混合均勻為止。

4　加入一顆全蛋攪拌均勻。

5　再加入一顆全蛋繼續攪拌均勻。

6　加入最後一顆蛋。

7 攪拌均勻。

8 裝入裝有擠花嘴的擠花袋中。

9 烤盤鋪上烘焙紙。

10 擠上 6 個圓形 O。

11 在泡芙上撒上杏仁片。

12 放入 200℃ 預熱好 10 分鐘的烤箱烘烤約 40 分鐘。

13 移出烤箱放涼冷卻備用。

14 泡芙橫切成半備用。

15　深鍋裡放入細砂糖、水，使其自然浸濕。

16　用中火加熱至沸騰，左右搖晃深鍋，但切勿攪拌，繼續加熱至糖水變濃稠離火。

17　加入榛果粉。

18　攪拌均勻。

19　加入準備好放涼的奶黃醬

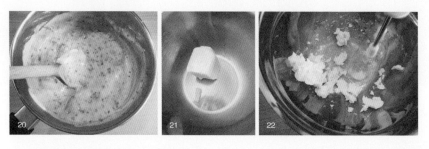

20　繼續拌勻備用。

21　無鹽奶油放在鋼鍋中軟化。

22　用電動攪拌器攪拌打發。

23 放入榛果奶黃醬。

24 繼續攪拌。

25 至完全混合均勻（若奶糊太稀可冷藏 30 分鐘變硬）。

26 放入裝好花式擠花嘴的擠花袋中。

27 擠在泡芙底座上。

28 擠滿整個泡芙。

29 蓋上泡芙頂部。

30 撒上少許糖粉，放置冷藏冰涼後即可享用。

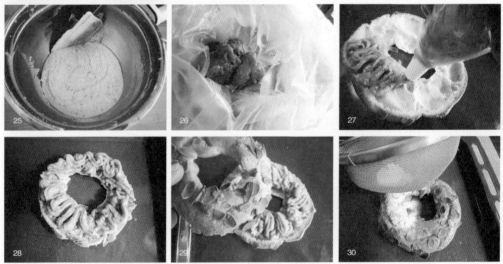

小叮嚀

若想吃甜一點和滑溜的內餡，可在打發無鹽奶油時加入少許糖粉，以個人喜歡的甜度
調合 100g 無鹽奶油，使內餡更加濃稠。加入多一些無鹽奶油打發混合的口感比較好，
這裡的配方加入較少無鹽奶油，吃起來比較清爽。

5-11 · *Paris-Brest*

5-12
反烤蘋果派
Tarte Tatin

源自法國中部的索洛涅（Sologne），用蘋果、奶油、焦糖和一張派皮製成，經過翻面的甜點。

　　18 世紀後期，達丹姊妹（Stéphanie & Caroline Tatin）在法國中部索洛涅城的拉摩特布洪鎮（Lamotte-Beuvron）經營餐廳，經常有獵人客倌在結束打獵後上門用餐。某個星期天，姊妹倆一如往常為獵人的聚餐忙碌著，當天準備的甜點是蘋果派。其中一人忙中有錯，忘了放派皮，為了掩飾粗心，便直接在蘋果上蓋上派皮。結果出乎意料，獵人非常滿意，直呼特殊好吃，這道反烤蘋果派因而發跡。到了 19 世紀初，法國美食家品嘗過也將這道甜點推展到大巴黎地區，漸漸成為高級餐廳的必推甜點之一。

　　反烤蘋果派經常搭配一匙香草冰淇淋或一匙鮮奶油（Crème fraîche）一起食用，出乎意料地對味！我第一次吃到傳統好吃的反烤蘋果派，是兒子小米讀幼稚園時，同班女同學瑪蒂的媽媽，瑪莉洛邀請我們去她家午餐，還教我製作這道反烤蘋果派。從煎糖到放入蘋果，翻煎到散發出濃濃焦糖香味，再鋪好蘋果蓋上派皮，放入烤箱烘烤至派皮著色香酥時移出烤箱。當瑪莉洛一片片分好在每人的盤中時，撲鼻的焦糖香令人食指大動。

享用前，瑪莉洛挖了一匙鮮奶油給我，笑著說：「這樣吃才是絕配！雖然熱量高了點，但先吃了再說吧！呵呵呵～」

蘋果派的主角當然就是蘋果啦！但選用蘋果時要特別注意蘋果的品種，最好選擇斑皮蘋果（Reinettes 或 Clochardes），外皮粗燥略帶褐棕色，很適合做成翻轉蘋果派。台灣蘋果種類不多，可以用其他略酸的蘋果代替。我有時買了一堆蘋果，放了一段時間，原先多汁的蘋果變成粉狀，或者買到難吃無汁的蘋果時，都拿來做成蘋果派或蘋果泥，加點糖放點檸檬

● 搭配蘋果派的新鮮奶油

汁用烤或煮的方式，結果都變美味了呢！現在，我再也不會亂丟不新鮮不好吃的蘋果，找到讓它們重生的方式，做成另一種有價值又好吃的食物，也是愛地球的表現。

瑪莉洛的作法是在平底鍋中放入細砂糖融化成焦糖，加入蘋果煎炒一會，再加入無鹽奶油翻炒至蘋果完全吸收焦糖和奶油味道，再蓋上派皮去烘烤。以下的製作配方則是法蘭西斯老師傅傳授的方式，簡單好操作，很適合初學者，堪稱懶人版反烤蘋果派。

份　　　量：8人份	材料
難 易 度：★☆☆	● 60g 細黃砂糖（sucre vergoise）
烤箱溫度：200℃	● 60g 無鹽奶油
烘烤時間：1 小時	● 4 顆蘋果
	● 一張派皮（請參考「3-6 派皮」作法）

作法

1　派皮擀成圓形，約烤盤的大小備用。

2　奶油切成小塊備用。

3　蘋果去皮、去心。

4　切成小片。

5　烤具鋪上烘焙紙。

6　均勻鋪上黃細砂糖、奶油。

7　再均勻鋪上蘋果，勿留細縫，盡量塞滿，上方再撒一些黃細砂糖。

8　蓋上派皮。

9　放入 200℃預熱好 10 分鐘的烤箱，烘烤 1 小時。

10　移出烤箱放涼。

11　放一個盤子在派皮上倒扣蘋果。

12　翻面成蘋果朝上派皮朝下，拿掉烘焙紙。

13　熱食或冰涼後吃皆宜。

小叮嚀

派皮在烘烤時間未到但派皮已著色，可放一張鋁箔紙在派皮上方繼續完成烘烤時間，
使奶油和焦糖味完全融入蘋果中。

5-12   *Tarte Tatin*

5-13
納韋爾牛軋糖
Nougatine de Nevers

起源於 18 世紀中期，法國中部勃艮地納韋爾鎮一家麵包店製作送給拿破崙三世之妻尤琴妮皇后（Eugénie de Montijo），從此成為當地的特色傳統糕點。

主要原料有糖、水、無鹽奶油、杏仁或榛果，類似台灣的花生糖或芝麻糖，作法幾乎相同，只有在原料上加以變化。糖烹煮到焦化再混合杏仁或榛果抹平後，趁熱切成小片，或等冷卻後用手扳成想要的大小形狀，可作為糕點的底座或裝飾。

知名的法國甜點聖多諾黑（Saint Honoré）就是以它為底座。法國虔誠天主教家庭在小孩滿周歲時，須完成天主洗禮（Le baptême）儀式，洗禮後的家族餐會上的傳統甜點，就是以納韋爾牛軋糖拼裝打造成搖籃或其他形狀，鋪滿或黏上一顆顆填滿奶黃餡的法式小泡芙。法蘭西斯老師說可趁牛軋糖還高溫時即切割塑造成想要的形狀，若動作太慢很快就變硬不易操作。也可將它分成等份依大小　平放入碗中，整形成小碗狀來填裝冰淇淋，當成牛軋糖冰淇淋杯。

份　　量：7~8 人份	
難 易 度：★ ☆ ☆	
烤箱溫度：180℃	
烘烤時間：5 ～ 8 分鐘	

材料

- 250g 細砂糖
- 25g 水
- 20g 無鹽奶油
- 65g 杏仁片（或整顆榛果、整顆杏仁、開心果）

作法

1　烤箱以 180℃預熱 10 分鐘。

2　杏仁片平鋪在烤盤中烘烤 5 ～ 8 分鐘。

3　移出烤箱放涼，裝入碗裡備用。

4　攪拌木棒塗上少許奶油備用。

5　不沾黏的耐熱塑膠烘焙墊塗上少許奶油備用。

6　深鍋裡放入細砂糖，倒入水使糖自然浸濕，以中火加熱。

7　偶爾搖晃一下深鍋，但切勿用木棒或攪拌棒攪拌糖水。

8　加熱至沸騰後滴入幾滴白醋（或檸檬濃縮汁），防止糖漿太快硬化。

9　繼續加熱到約 145℃（開始濃稠變成蜂蜜色），加入剩下的無鹽奶
　　油混合均勻。

10　杏仁片倒入深鍋。

11　快速攪拌一下混合就好。

12　倒在鋪好不沾黏的烘焙墊上。

13　放上一張烘焙紙用擀麵棍擀平。

14　放至微溫用刀切成小塊或整型，或等完全冷卻再用手扳成需要的大小。

15　完成供食用或用於其他糕點。

小叮嚀

納韋爾牛軋糖可放在密封塑膠盒或密封夾鏈袋置於陰涼處，可
保存好幾個星期甚至幾個月。但切勿冷藏，因為冷藏後的濕氣
會融化糖衣表面，變得濕黏不易保存。

法國
西部

5-14
不列塔尼奶油焦糖
Caramel au beurre salé

砂糖煮沸到 170℃ 時，糖會焦化成為焦糖，常用作糕點的調味劑。這道奶油焦糖是糖煮沸焦化後再放入加熱的液態奶油和半鹽奶油，味道柔和，帶有濃濃奶香味。

奶油焦糖是不列塔尼名產，一般商店的果醬區都可找到它。可拿來當果醬塗在烤麵包和土司上，也可當馬卡龍中間夾層的內餡，或是喝咖啡時舀一匙放入咖啡裡，就不用再加糖。黑咖啡伴著濃濃焦糖味，再擠上鮮奶油，就是花式調味咖啡；吃香草冰淇淋時淋上融化奶油焦糖，也是很對味的組合。

這裡教大家一個把冷藏的奶油焦糖再次融化成醬汁的小撇步。舀兩匙奶油焦糖在小碗中，包上保鮮膜，放在水裡隔水攪拌，靠著熱水的溫度融化，或者放入微波爐以強火加熱 10 秒即可。

另外要分享的是，空閒時多自製幾罐不列塔尼奶油焦糖，在封口的地方綁上一塊花布巾，再綁上緞帶裝飾一下，就是很有法國風的伴手禮了！

份　　量：一罐果醬瓶
難易度：★★☆

材料

- 100g 細砂糖
- 15g～20g 水
- 120g 液態鮮奶油
- 20g 半鹽奶油

作法

1　深鍋裡放入細砂糖和水，不要攪拌，使其自然浸濕。

2　另一個小鍋用小火預熱液態鮮奶油。

3　糖完全浸濕後開中火煮糖水，不要攪拌，左右搖晃深鍋使其自然融化。

4　糖開始融化變濃稠，手抓住鍋柄繼續搖晃深鍋，勿攪拌。

5　糖開始焦化。

6　加入一半預熱好的鮮奶油，迅速用打蛋器攪拌均勻，再加入剩下的一半，
　　繼續快速攪拌均勻。

7　放入半鹽奶油以小火攪伴至奶油融化再離火。

8　倒入洗淨擦乾的果醬瓶，或放在小玻璃盅冷藏後即可食用。

5-14　　*Caramel au beurre salé*

小叮嚀

1　千萬要記住，糖水加熱的過程中，切忌用攪拌棒攪拌它，因為越是攪拌，糖就越容易結塊，
　不容易融解。若怕它凝結太快，可以在步驟 3 加入幾滴白醋，就不會太快凝結。

2　步驟 6 要注意焦糖溫度高達 170℃度以上，混入加溫後的液態鮮奶油時會暴出大量蒸氣，
　最好使用長柄深鍋，一邊混入一邊急速用木棒或打蛋器攪拌均勻。若怕焦糖在混合時溢
　出來，可離開火爐放在流理台內，加入液態鮮奶油快速攪拌，再放回火爐繼續放入奶油
　攪拌至完全融化混合。

3　若是沒有半鹽奶油，可以加入 5g 食鹽和糖水一起混合即可。

4　上述配方可做成一罐果醬瓶，完全放涼後冷藏可保存一個月。若想做兩罐，配方材料多
　加一倍即可。

5-15
不列塔尼黑李蛋糕
Far Breton aux pruneaux

不列塔尼老阿嬤經常做的傳統家常甜點。
我問過好幾個老人家這道甜點的歷史由
來，大家卻都說不出個所以然，唯一可知道的
就是它是不列塔尼的傳統糕點。老一輩的傳統作法是以牛奶、糖、蛋這三種材料為主的
原味不列塔尼蛋糕。但這幾十年來，新一代的糕點師傅改用新配方，多加了各式果乾，
如黑李、黑白葡萄乾、杏桃等，最討喜的則是老少咸宜的黑李口味。它吃起來口感綿細，
容易入口，不像蛋糕，反而有點像台灣傳統點心──在來米甜粿。唯一不同的是，不列
塔尼黑李蛋糕帶著淡淡蘭姆酒和黑李微酸的滋味，很適合當老人和小孩的午茶小點。

這道甜點的最佳品嘗方式是冷藏冰涼後再食用，更能提顯出它的風味。但也有不少法
國人喜歡剛烤出來像布丁般口感的熱不列塔尼蛋糕；周遭親友還是比較喜歡冷藏後再吃，
更能嘗出它軟硬適中的甜美口感。

以下配方是我在洛里昂的日本友人 Masae（マサエ）她婆婆所提供，謝謝她分享這個
美味好吃的傳統配方。

材料

- 1000cc 鮮奶
- 250g 低筋麵粉
- 200g 細砂糖
- 2g 食鹽
- 4 顆全蛋
- 25 顆去籽黑李蜜餞
- 10g 無鹽奶油（塗烤具用）
- 少許蘭姆酒或料理用白蘭地

份　　量：約 12 人份
難 易 度：★ ☆ ☆
烤箱溫度：200℃
烘烤時間：50分鐘~1 小時

作法

1　先將黑李浸泡在蘭姆酒中約 10 分鐘，使其入味備用。

2　將無鹽奶油均勻塗抹在烤盤或烤具上。

3　麵粉、糖、鹽放入鋼鍋裡，攪拌均勻。

4　加入 4 顆蛋。

5　加入三分之一牛奶與蛋糊攪拌均勻後，再加入全部牛奶
　　繼續攪拌至麵糊和細砂糖完全混合在麵奶糊中。

6　將浸泡入酒味的黑李平鋪在烤盤裡。

7 再倒入蛋麵奶糊。

8 放入200℃預熱10分鐘的烤箱烤約50分鐘～1小時，表面膨脹著色後要確定是否完全熟透，可以輕拍蛋糕表面，若蛋糕中央還是搖晃的感覺，請繼續烤到不搖晃為止。或用刀子插入蛋糕中央，拔出後若不沾黏，表示蛋糕已烤熟。

9 放涼冷藏一小時，再切成自己想要的大小食用。

小叮嚀

1 不列塔尼蛋糕是由蛋麵奶糊均勻攪拌後的純風味蛋糕，除了可加入黑棗外，還可變換成黑白葡萄乾或杏桃乾口味。

2 也可用台灣的龍眼乾，烘培前浸泡在蘭姆酒中完全入味，一樣在步驟6鋪放在烤盤上，加入奶糊去烘烤。也可像來法國參加麵包大賽得第一名的吳寶春師父一樣，使用台灣本土出產的龍眼乾，相信也能做出帶有法國風台灣味的糕點喔！

Far Breton aux pruneaux

5-16
不列塔尼奶油蛋糕
Quatre quart

Quatre quart 的法文字面意思是四個四分之一。為何叫四個四分之一呢？四代表配方裡的四種基本成分：麵粉、蛋、糖、奶油。四分之一則是四種材料有相同的重量。傳統的配方是 250g 麵粉、250g 糖、250g 奶油，以及 4 顆蛋，製作出的蛋糕有濃厚奶油味。

這裡教的是法蘭西斯老師傅的改良配方，屬於輕奶油蛋糕。若讀者喜歡傳統口味的不列塔尼奶油蛋糕，可以改為重奶油蛋糕的配方，製作出來的成品比較道地。但建議讀者蛋糕烘烤放涼後用密封袋封起來放置一天再食用，這樣吃起來不乾澀，奶香味十足。

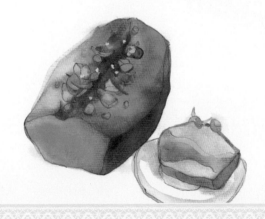

份　量：5~6 人份	
難 易 度：★ ☆ ☆	
烤箱溫度：180℃	
烘烤時間：25~30 分鐘	

材料

- 125g 細砂糖
- 125g 低筋麵粉
- 125g 無鹽奶油
- 4 顆全蛋
- 5g 泡打粉

作法

1　烤具塗上奶油，撒上少許麵粉後以順時針方向轉一圈，拍掉其餘麵粉。

2　奶油放入微波爐中加熱 15 秒，融化成液狀放涼備用。

3　蛋黃和蛋白分開。

4　蛋白打至軟性發泡後，加入細砂糖繼續攪打至硬性發泡。

5　加入蛋黃混合均勻。

6　加入麵粉和泡打粉，由下往上以順時針方向輕輕混合均勻。

7 再加入融化奶油，混合均勻（圖 7、7-1）。

8 倒入烤模中抹平麵糊。

9 放入 180℃ 預熱 10 分鐘的烤箱烘烤 25～30 分鐘。

10 移出烤箱放涼脫模即可食用。

小叮嚀

1 不列塔尼奶油蛋糕剛烘烤出來並不容易吃出奶油香，放至隔天再享用會比較好吃。吃不完用保鮮袋或保鮮膜包起來可保存 1～3 天。

2 奶油蛋糕的作法和法式戚風蛋糕一樣，只在最後一道步驟混合了融化奶油，吃起來的口感較法式戚風蛋糕來得濃郁多了。

3 要做巧克力和檸檬風味的奶油蛋糕，只要混合加入想變化的口味即可，如巧克力口味可減少 25g 麵粉，另加入 25g 可可粉和麵粉一起混合；檸檬口味則在最後加入一顆檸檬汁與奶油混合。

4 也可把蘋果切成小細方塊混入麵糊，再在蛋糕上鋪上切薄片的蘋果，就成了帶有諾曼地風的蘋果奶油蛋糕。

Quatre quart

5-17

不列塔尼奶油小圓餅
Palet Breton

1920 年由法國西部不列塔尼城鎮 Pont-Aven 的糕點師勒維蘭（Alexis Le Villain）所發明。他一生致力改進配方，還研發出比奶油小圓餅薄的奶油薄餅（Galette de Pont-Aven）。後世子孫也承襲他的烘焙事業進行機器化生產，創立知名的不列塔尼奶油餅乾品牌 Traou mad（不列塔尼語意為「好東西」）。

道地的不列塔尼奶油餅乾，厚約一公分，寬約五公分。用打發的半鹽奶油拌入細砂糖、蛋黃製成，香脆中帶點鹹甜味，很適合台灣人的口味。

小圓餅是不列塔尼省銷路排行前五名的名產。外地遊客來此旅遊，都可輕易在各個觀光景點和禮品店看到販售小圓餅。有用塑料包裝的，也有用紙盒包裝，但最受歡迎的應該是鐵盒裝的吧，許多著名畫家的畫作都印在鐵盒上，美味和視覺的享受兼顧，拿來自用或送禮兩相宜。每次我們去法國西部離家 40 分鐘車程的 Pont-Aven，總會帶一盒鐵盒

裝的小圓餅，許多印象派畫家出身這座城市，如高更、貝納（Émile Bernard）、塞呂西耶（Paul Serusier）等，除了來一趟藝術之旅，還可收集到各種名畫造型的鐵盒。

鐵盒真的超好用！如果做了一堆餅乾吃不完，放在鐵盒裡密封蓋好，不但可以防潮，保存餅乾的香脆度，還可保存兩星期以上。當三五好友來家裡喝下午茶，拿出美麗有質感的鐵盒再加上自己 DIY 的手工餅乾，吃的人開心，自己也很有成就感。

份　量：約 24 個
難 易 度：★ ☆ ☆
烤箱溫度：160℃
烘烤時間：35~40 分鐘

材料
- 250g 半鹽奶油
- 210g 細砂糖
- 3 顆蛋黃
- 310g 低筋麵粉

作法

1 半鹽奶油放在室溫中軟化。

2 軟化後的奶油加入細砂糖用電動攪拌器攪拌均勻。

3 加入蛋黃繼續攪拌。

4 加入低筋麵粉攪拌至麵粉團充分均勻。

5 用塑膠刮刀將旁邊沾黏的奶油麵團集中成一個麵團。

6 將麵團鋪在烘焙紙的中間。

7　把麵團慢慢輕壓滾成橫形長條狀。

8　兩邊的紙往下摺好後放入冰箱冷凍庫至麵團變硬（約半小時）。

9　拿出麵團用刀子切片，每一片厚約 1 公分。

10　放入鋪上烘焙紙與塗上少許奶油的烤模。

11　放入 160℃預熱好 10 分鐘的烤箱烘烤 35 ～ 40 分鐘，餅乾表面上色後移出。

12　烤箱趁熱倒蓋脫模（如果用慕斯專用兩開式模子，由上往下壓脫模）放涼即可。

小叮嚀

1　建議用空心的慕斯模烘烤，口感比較好。

2　如果找不到半鹽奶油，可以在和糖攪拌的同時加入5g食鹽一起攪拌。
　　此餅須甜中帶鹹才是正宗的不列塔尼小圓餅。

3　與其他小西餅不同的是，它比較有厚度，因此必須低溫烘烤，烘烤
　　時間也比一般餅乾長。如果餅乾沒有完全烘熟，會影響口感，也不
　　易保存長久。

不列塔尼焦糖奶油酥
Kouign amann

不列塔尼 Douarnenez 出產的知名點心，Kouign amann 是不列塔尼語，Kouign 指甜點，amann 則是奶油，1860 年由甜點師傅斯科迪亞（Yves-René Scordia）所發明。當時處於麵粉短缺奶油過剩的時期，他減少麵粉增加奶油製作出失敗的麵團。為了不浪費這些食材，他把失敗的麵團放入烤箱烘烤，烤成緊實且有焦糖風味的糕點，放在店裡販售，竟然大受當地人喜愛。第二代接手之後還研發出加入酵母的配方。

　　主要配方和作法是用麵包麵團覆蓋上一層混合好的牛油和細砂糖，再一層一層疊成千層狀，包上牛油和糖混合的麵包放入烤箱烘烤，牛油和砂糖均勻融化在麵餅上，外層的餅皮則烘烤成帶有香酥的焦糖風味。

　　焦糖奶油酥在不列塔尼麵包店都有販售，外形為 10 吋大圓形，也有 4 人份至 12 人份，食用時再用刀子切成三角型或幾等份。最近流行做成單人份來販售，一人份吃起來剛剛好，不會太膩口，是最新潮的吃法。而且口味多元，有原味、巧克力、果乾、開心果、葡萄乾、杏仁等，大家可先嘗嘗傳統的原味，再換嘗其他口味。

材料

• 250g 中筋麵粉
• 10g 麵包用發酵粉
• 5g 食鹽 • 100g 細砂糖
• 185g 半鹽奶油
• 1 顆蛋黃（塗抹麵團用）
• 125g 水

份　　量：6~8 人份
難 易 度：★ ★ ★
烤箱溫度：210℃
烘烤時間：20~25 分鐘

作法

1　大缽裡放入麵包用發酵粉。

2　加入 50g 水混合後靜放 10 分鐘。

3　無鹽奶油切成小塊放室溫軟化備用。

4　麵粉過篩。

5　加入食鹽到發酵粉水裡。

6　加入過篩過的麵粉和剩下的水，混合成為麵團，搓揉至像麵包的麵團一樣柔軟光滑
　　（圖 6 ～ 6-2）。

7 工作檯撒上少許麵粉，麵團放在檯面上擀成 1.5 ～ 2 公分厚的長方形。

8 切小塊的半鹽奶油平均鋪放在擀好的麵皮上，再均勻撒上細砂糖。

9 麵皮由上往下摺。

10 再由下往上摺，將兩邊封口緊封好，翻轉麵團開口在左手邊。

11 再將麵團輕壓成長條狀。

12 由上往下摺，由下往上摺。

13 把麵團用保鮮膜包住放入冰箱冷藏醒 20 分鐘。

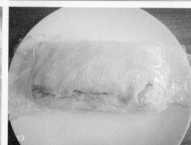

14　拿出麵團（圖14），拿開保鮮膜，開口在左手邊，依同樣的步驟（重複圖11～15）用手壓平三次，每壓摺一次要記得放冷藏醒麵團20分鐘。

15　最後一次時將麵團切成兩公分寬長條形。可在麵皮放上自己喜歡的材料（圖15、15-1）。

16　鋁箔烤具塗上少許奶油，均勻撒上少許細砂糖。

17　把長條形麵團捲成螺旋狀放入烤具中，在麵團表面塗上蛋黃水後醒麵25分鐘。

18　放入210℃預熱好10分鐘的烤箱烘烤20～25分鐘。

19　移出烤箱放涼。

20　用剪刀剪開鋁箔烤具。

21　將奶油焦糖餅脫模。

22　完成裝盤食用。

小叮嚀

1　焦糖奶油酥的壓摺方式一如派皮，一共需壓摺四次，放入冷藏醒四次。

2　包著奶油和糖的麵皮非常濕軟，用擀麵棍擀摺很容易破皮，用手輕壓即可。

3　烘烤時，麵團、奶油和糖的混合會烤出許多油脂屬於正常現象。

4　冷卻後的焦糖奶油酥吃起來口感特別有層次。若想換其他口味，可在步驟 15 加入葡萄乾、
　　巧克力豆、去皮開心果、核桃碎、杏仁片等乾果和果乾料一起捲成螺旋狀。

Kouign amann

法國
南部

5-19
波爾多可麗露
Cannelés bordelais

法國西南部出產紅酒聞名的波爾多的特色甜點。來源眾說紛紜，傳說 15 世紀由波爾多聖安德魯醫院附近修道院的修女所發明；17 世紀有了 canaule、canaulé 或 canaulet 等名稱；18 世紀流傳民間深受大眾喜愛；20 世紀有糕點師在配方中添加蘭姆酒。

可麗露是由蛋、糖、牛奶、少許蘭姆酒和香草製成，外硬內軟，表面因高溫烘烤而成焦褐色，外型小巧可愛，五公分高、三公分寬，類似迷你版大廚帽。

可放冷藏四～五天，也可放冷凍庫保存達 30 天，食用時提前一天移至冷藏。最佳的保存方式是放在紙盒較能保持濕度，最佳的品嚐時間當然是現做現吃最為可口！外部香硬內部柔軟，散發濃濃香草和蘭姆酒香，如果放軟了就沒這麼好吃了。

製作過程需花一夜時間讓麵糊泡發入味，並以不同溫度兩段式烘焙，花費的時間功夫較多，相對地售價也比較高。在巴黎可是熱門點心，經常可以在甜點或麵包店的櫥窗看到可麗露的蹤影。推薦讀者享用可麗露的方式是當午茶點心或飯後甜點，或搭配微甜的紅酒或香檳一起食用。

材料

- 250g 牛奶
- 25g 無鹽奶油
- 5g 食鹽
- 55g 高筋麵粉
- 125g 細砂糖
- 1 顆全蛋
- 1 顆蛋黃
- 2 包香草糖粉（一茶匙香草精）　• 10g 蘭姆酒

份　　量：7～8個
　　　　　（約4人份）
難易度：★★★
烤箱溫度：180℃~240℃
（設定為熱風轉動）
烘烤時間：1小時25分鐘

作法

1　深鍋裡放入牛奶、食鹽預熱。

2　加入無鹽奶油。

3　煮滾離火備用（圖3、3-1）。

4　大盅裡放入糖、麵粉混合備用。

5　玻璃盅裡放入全蛋、蛋黃。

6　攪拌均勻。

7　加入煮沸後的牛奶攪拌均勻。

8　加入混好的糖麵粉（圖 8、8-1）。

9　攪拌均勻。

10　加入香草精攪拌均勻。

11　加入蘭姆酒攪拌均勻。

12　蓋上保鮮膜放入冷藏 24 小時。

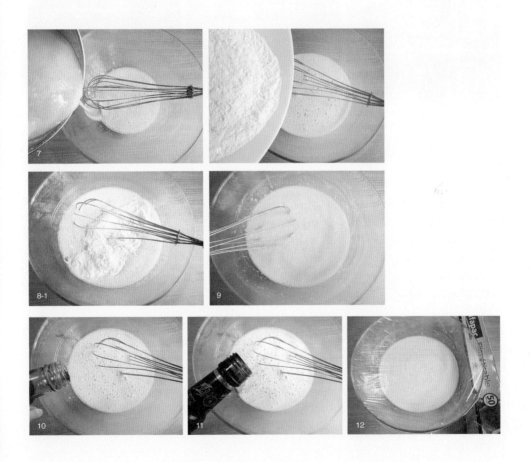

13　烤模完整地塗上奶油。

14　牛奶糊拿出冷藏，充分拌勻麵糊。

15　麵糊倒入烤模至七分滿。

16　放入 240℃ 預熱好的烤箱烤 10 分鐘。

17　烘烤 10 分鐘後將火溫調至 180℃ 繼續烤 75 分鐘。

18　移出烤箱後，靜放冷卻。

19　倒放脫模，即可食用。

小叮嚀

1　得在前一天製作好麵糊，放入冷藏最少 24 小時，隔天再裝模烘烤。

2　先以 240℃ 高溫烘烤 10 分鐘，使麵糊表面形成一層焦糖外皮，再調至 180℃ 以文火烤熟
　　內餡。烘烤中會稍微散出奶油並凸起，但在烘烤後段，表面顏色變得較深，形狀也會縮小
　　則屬正常現象。

3　若以迷你型或小型可麗露烤模來製作烘烤，迷你型約需 35~40 分鐘小型烤模則需 55~60
　　分鐘，請依烤模大小增減烘烤時間。

 5-19   *Cannelés bordelais*

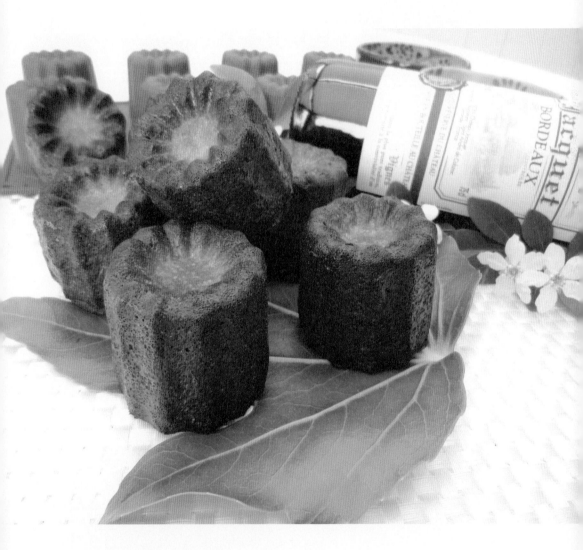

5-20
巴斯克蛋糕
Gâteau Basque

源自 17 世紀法國西南部庇里牛斯山阿基坦地區（Aquitaine）的巴斯克蛋糕會上。由麵粉、糖、蛋、奶油混合組成奶油餅，傳統配方是在兩片奶油蛋糕間鋪滿櫻桃、黑莓、無花果等當季水果為內餡，但在 19 世紀以後出現夾奶黃餡的新吃法。

糕餅店賣的巴斯克蛋糕有八吋大圓餅，也有厚片小圓餅，外型和口味類似台灣的傳統喜餅和不列塔尼的路易港奶油餅（Gâteau de Port-Louis），後者也以糕點四種基本原料製成，只是在調味上有所區別。不列塔尼奶油餅加了半鹽奶油和幾滴柳橙花精或柳橙皮及蘭姆酒調味；巴斯克蛋糕則加了無鹽奶油和杏仁精及少許南部著名開胃酒茴香酒（Pastis），外型類似，口味各有特色。

材料

- 300g 低筋麵粉
- 120g 細砂糖
- 120g 無鹽奶油
- 200g 無花果果醬（可換成櫻桃果醬或黑莓果醬）
- 5g 泡打粉 • 少許食鹽 • 少許杏仁精 • 少許茴香酒
- 少許蘭姆酒 • 1 顆全蛋 • 2 顆蛋黃（1 顆作為塗抹用）

份　　量：6人份
難 易 度：★ ★ ☆
烤箱溫度：150℃
烘烤時間：1 小時

作法

1　小玻璃盅裡準備好 1 顆蛋黃和 1 顆全蛋，另一個盅裡放入塗抹用的蛋黃備用。

2　無鹽奶油切成小塊放入大缽在室溫軟化備用。

3　大缽裡加入細砂糖。

4　奶油和糖攪拌均勻。

5　加入 1 顆全蛋和 1 顆蛋黃混合均勻。

6　加入少許茴香酒、幾滴杏仁精、少許蘭姆酒。

7　加入麵粉、泡打粉、食鹽。

8　用手全部混合均勻成一個麵團。

9　包上保鮮膜放冷藏 1 小時。

10　拿出冷藏後將麵團分成兩等份。

11　烤模鋪上烘焙紙。

12　用擀麵棍擀成圓形或用手壓平鋪在鋪好烘焙紙的烤模上。

13　放入無花果果醬（或其他口味果醬）抹平，再放上另一片擀平的麵皮把多餘
　　麵皮均勻塞入塔裡。

14　麵皮的表面用蛋糕刷塗上備用的蛋黃。

15　用叉子畫上直線長條紋。

16　放入 150℃ 預熱好 10 分鐘的烤箱烘烤 1 小時。

17　移出烤箱後放涼，脫模時連同烤盤紙一起拿起，去掉烤盤紙切片後即可食用。

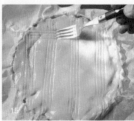

5-20 *Gâteau Basque*

小叮嚀

1　巴斯克蛋糕烘烤時若表層著色太快，但還未到烘烤時間，可在餅的上方鋪上一張鋁箔紙，
　　讓餅的表層不易烤焦。

2　無花果果醬可換成個人喜歡的其他口味，如櫻桃、草莓、黃杏、桃子等。

5-21

櫻桃塔

Clafoutis aux cerises

櫻桃崁入蛋麵糊裡的傳統糕點,源自法國中部利穆贊(Limousin)。原來的名字是奧克西唐語(印歐語系羅曼語的一種語言,主要通行於法國南部,特別是普羅旺斯及羅亞爾河以南)的 Clafotis,法文意為填滿,後來在 19 世紀通稱為 Clafouti。

傳統的製作方式,櫻桃是不去籽直接加入蛋麵糊一起烘烤。除了櫻桃,還可以李子、蘋果、西洋梨、黑莓、桃子等水果替代,製成不同口味。不列塔尼省當地因盛產蘋果,非櫻桃產季時,眾多法式餐廳菜單上的甜點,多以蘋果為主要水果來代替櫻桃,在製作好的塔上澆淋上當地特色的不列塔尼奶油焦糖,擠上發泡鮮奶油一起搭配食用。

吃不完的櫻桃塔,有個不失原味的保存方式,可分成幾等份放入保鮮袋再放冷凍庫,想吃時提前一天退凍即可,口感不輸剛烤好時的風味。櫻桃盛產季節,買些新鮮又好吃的櫻桃,洗淨去籽後做成櫻桃塔,分裝放冷凍庫,之後就算過了櫻桃產季,也還能吃到櫻桃塔。

份　　量：6~8 人份
難 易 度：★ ☆ ☆
烤箱溫度：180℃
烘烤時間：45 分鐘

材料
• 400g 去籽新鮮櫻桃（約 50 ～ 60 顆）　• 100g 細砂糖　• 80g 低筋麵粉　• 20g 玉米粉
• 500g 鮮奶（常溫）　• 80g 無鹽奶油　• 3 顆全蛋　• 10g 香草粉　• 1g 食鹽

作法

1　鮮奶放室溫備用（或加熱至微熱不沸騰的狀態備用）。

2　烤具塗上一層奶油備用。

3　剩下的奶油放微波爐加熱 15 秒，拿出來用湯匙攪拌後放涼備用。

4　新鮮櫻桃洗淨濾乾。

5　用乾布擦乾水分。

6　去籽備用。

7　大盅裡放入三顆全蛋。

8　放入細砂糖和香草粉、食鹽。

9　加入過篩麵粉和玉米粉。

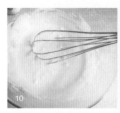
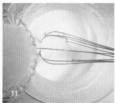
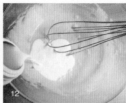
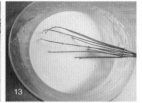

10　用打蛋器混合成蛋糊。

11　加入融化奶油繼續拌勻。

12　分次加入常溫（或微溫）鮮奶。

13　攪拌均勻。

14　麵糊倒入塗好奶油的烤具約七分滿，再放入去籽櫻桃。

15　放入 180℃預熱好的烤箱烘烤 45 分鐘。

16　移出烤箱放涼或冷藏食用。

◇ 5-21 ◇　*Clafoutis aux cerises*

小叮嚀

1　用黑櫻桃或紅櫻桃皆可。洗淨後的櫻桃一定要濾乾水分或用乾布擦乾。

2　去籽雖然麻煩，但不去籽的話，食用時影響口感，還得一邊吃一邊吐籽，而小朋友則有
　　吞下肚的危險。

3　若找不到新鮮櫻桃，可用罐頭櫻桃代替，但須濾乾水分再行製作。

5-21 法國甜點地圖／〔法國南部〕櫻桃塔　231

糖浸薄酒萊西洋梨
Poires pochées au Beaujolais

主要以西洋梨、糖水、肉桂,加入法國東南薄酒萊(Beaujolais)產區的紅酒熬煮而成,以西洋梨和紅酒為主角的水果甜點。在高檔餐廳才會出現在甜點單上,一般法式餐館很少見。

可把紅酒替換成白酒,熬煮過後的顏色即帶點金黃西洋梨的原色。上了年紀的法國人非常喜愛這道糖浸紅酒西洋梨。我還記得有一次去朋友家作客,老先生特別喜歡在柔軟的水果裡加入紅酒(如水蜜桃、較成熟的西洋梨等),浸泡幾分鐘後,再拌上少許糖粉混合食用。對上了年紀牙口不好,又愛紅酒的人,這類甜品再適合不過。

手邊如果沒有薄酒萊紅酒,也可用其他紅酒代替,而名字就變成紅酒西洋梨(Poire au vin rouge)。

份　量：4 人份
難易度：★ ☆ ☆

材料

• 4 顆西洋梨　• 1 顆檸檬汁　• 300g 細砂糖
• 35g 玉米粉　• 1500g 水　• 少許柳橙皮
• 半茶匙肉桂粉（或兩根肉桂條）　• 半瓶薄酒萊產區紅酒　• 少許烘烤過的杏仁片或發泡鮮奶油

作法

1　深鍋倒入薄酒萊紅酒煮沸 3 分鐘，使酒精揮發去酸澀。

2　加入 1500g 水。

3　加入糖、檸檬汁、柳橙皮、肉桂粉（條）。

4　煮沸後備用。

5　西洋梨去皮。

6　切掉西洋梨的尾端。

7 浸泡在紅酒糖水裡。

8 以小火烹煮約 1 小時。

9 用勺子壓住西洋梨以免著色不均。

10 使西洋梨入味、上色，放至冷卻，再放冷藏一個晚上。

11 舀起一勺紅酒糖水和玉米粉混合均勻。

12 深鍋裡放入 250g 紅酒糖水，放入玉米粉水。

13 用小火煮至濃稠。

14 濃稠的紅酒糖水過篩後放涼冷卻，放入冷藏冰涼備用。

15 舀一匙冷藏後的紅酒糖漿在盤子裡，小心地將西洋梨舀至盤子，
　　撒上少許杏仁片或發泡鮮奶油裝飾即可食用。

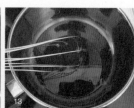

小叮嚀

1　熬煮後的西洋梨外質變得很軟，舀至盤中需特別注意。

2　西洋梨去皮後切掉西洋梨部分尾端再去熬煮，紅酒糖水比較容易入味，裝盤時也較能直立。

3　想讓紅酒西洋梨裝盤上桌時顏色更加鮮豔，將煮好的紅酒西洋梨冷藏兩天，紅酒顏色即可完全入色，變得酒紅亮麗。

4　如果沒有薄酒萊紅酒，也可用其他紅酒代替。紅酒糖水若倒掉可惜，可加上冰塊再放少許烈酒當水果雞尾酒，或是冷凍起來，下次再做糖浸紅酒西洋梨時，前一天晚上退凍，加上少許材料再製。

5-23
科雷茲核桃蛋糕
Gâteau aux noix

科雷茲省（Corrèze）位於法國西南部利穆贊區。核桃蛋糕是科雷茲的傳統蛋糕，另外在法國東南格勒諾勃市（Grenoble）出產「法定產區管制」（Appellation d'origine contrôlée，簡稱AOC）的高品質核桃，製成核桃油和核桃酒，核桃蛋糕也是該地的特色糕點，兩地的作法大致相同。

傳統的核桃塔有多種作法，可將核桃仁敲碎後拌入黃砂糖、蜂蜜放在甜塔皮上，中間夾餡鋪上少許國王派裡的杏仁奶油餡，在塔的上方再鋪滿拌好糖和蜂蜜的核桃仁去烘烤。也可以依以下製作配方做成另一種核桃蛋糕。

核桃裡有豐富的蛋白質和優良的脂肪酸，對於人體不僅好吸收，又不易造成身體負擔，還能降低血脂，對喜歡核桃糕點的人來說，是一道有益健康的法式糕點。

份　　量：5~6 人份	
難 易 度：★★☆	
烤箱溫度：190℃	
烘烤時間：40 分鐘	

材料

- 100g 核桃仁　• 30g 鮮奶油（crème fraîche）
- 50g 無鹽奶油　• 65g 低筋麵粉　• 10g 香草粉　• 100g 細砂糖　• 4 顆全蛋　• 5g 泡打粉
- 少許白蘭地（或蘭姆酒）　• 半顆檸檬汁（或檸檬濃縮汁）　• 半顆蛋白　• 100g 糖粉或細砂糖

作法

1　取 80g 核桃仁裝入塑膠袋中用鎚子鎚打壓碎備用，20g 核桃捏碎備用（圖 1～1-2）。

2　無鹽奶油放室溫軟化備用。

3　烤模塗上少許奶油，撒上少許麵粉轉一圈，讓麵粉沾上整個烤模放至烤盤上備用。

4　大缽裡放入奶油，加入細砂糖，用電動攪拌器攪拌至發白備用。

5　混入核桃碎和核桃粉繼續攪打均勻。

6　加入鮮奶油和少許白蘭地（或蘭姆酒）（圖 6、6-1）。

7 加入全蛋一顆混合後一顆接一顆攪拌混合均勻。

8 加入麵粉、香草粉、泡打粉，用木棒或刮刀輕輕混合均勻（圖 8、8-1）。

9 倒入塗好奶油的烤模中。

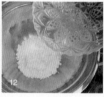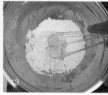

10 放入 190℃ 預熱好 10 分鐘的烤箱烘烤 40 分鐘，結束烘烤前的 6 分鐘選幾個與蛋糕同等數量的整顆核桃放入烤箱烘烤。

11 移出烤箱倒扣在烘焙紙上放涼冷卻。

12 擦乾的鋼鍋裡放入糖粉和蛋白，隔水加熱。

13 用打蛋器攪打均勻。

14 加入擠好的檸檬汁（或檸檬濃縮汁）繼續打發直到完全混合均勻。

15 將蛋糕倒放，在蛋糕頂部沾上少許糖霜（圖 15、15-1）。

16 放正面風乾。

17 裝飾上烘烤過的整顆核桃。

18 等糖霜完全變硬後即可食用。

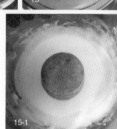

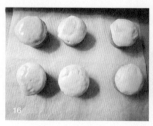

Gâteau aux noix

小叮嚀

1　想知道蛋糕內餡有無熟透，可以在蛋糕上方用刀尖叉入蛋糕中心，若拔出來還黏有濕麵糊，
　　表示還沒完全熟透，反之就可以移出烤箱了。

2　可在撒上糖粉蛋白糖霜時做自己喜歡的造型裝飾，或用烘焙紙製作的擠花嘴裝上混入其他
　　顏色的食用色素做出其他裝飾。

5-23
杏仁核桃塔
Tarte aux noix

與科雷茲核桃蛋糕的法文名字雷同，但作法有別。以甜塔皮當底中間放入國王派的杏仁奶油餡，奶油餡上再鋪一層碎核桃蜂蜜砂糖烘烤而成。甜塔中伴著杏仁奶餡，上方鋪有蜂蜜糖核桃，口感層次豐富，吃起來又香又好吃，再配上一球香草冰淇淋也很對味。

份　　量：6人份	
難 易 度：★ ★ ☆	
烤箱溫度：200℃	
烘烤時間：30分鐘	

材料

杏仁奶油餡部分

• 65g 無鹽奶油　• 65g 細砂糖　• 65g 杏仁粉　• 1顆蛋黃

核桃蜂蜜砂糖鋪頂

• 150g 整顆核桃　• 40g 黃砂糖　• 3湯匙蜂蜜　• 1份甜塔皮（請參考「3-6甜塔皮」作法）

作法

1　甜塔皮製作好備用。

2　鋼鍋裡放入無鹽奶油。

3　加入細砂糖。

4　用電動攪拌器攪拌至發白。

5　加入蛋黃。

6　繼續打發混合均勻。

7　拌入杏仁粉。

8　繼續攪拌混合均勻後備用。

9　核桃剝碎後加入黃砂糖。

10　用湯匙混合。

11　加入三湯匙蜂蜜。

12　用湯匙混合均勻備用。

13　烤模撒上少許麵粉備用。

14　塔皮分成六等份，用擀麵棍擀成小圓形。

15　放至烤模整成塔狀。

16　用湯匙舀入杏仁奶油餡至七分滿。

17　舀起核桃蜂蜜糖均勻鋪在塔面上。

18　放入 200℃ 預熱好 10 分鐘的烤箱烘烤 30 分鐘。

19　移出烤箱放涼後脫模食用。

小叮嚀

1　可依同樣材料製作成六人份的大型核桃塔。特殊耐熱的塑膠烤模聚熱快速，因此塔皮不用預先
　　烤過就可以直接放入內餡。若沒有這種烤模，可先將塔皮放在鋪好烘焙紙的烤模裡，再放上一
　　張烘紙，鋪上烘焙石壓住塔面，放入 200℃ 預熱好 10 分鐘的烤箱烘烤 20 分鐘，移出烤箱再
　　填入內餡和鋪上核桃蜂蜜糖餡，再放入烤箱烘烤 20 分鐘。

2　可一次做好幾個核桃塔放入真空袋中冷凍，想吃時用微波爐加熱兩分鐘或放至烤箱內再烘烤變
　　熱，又是香酥好吃的杏仁核桃塔。

3　特別推薦加一球香草冰淇淋一起吃，微熱的核桃塔配上冰涼香濃的香草冰淇淋，超級絕配好吃！

Part 6

法國經典甜點

收錄 20 款法國餐廳和民眾最常吃最夯的經典甜點。
依照書中的製作方法和配方,
自己也能輕易做出法國正流行或流傳已久的經典糕點,
與法國人同步享受歷久彌新的美味。

6-1
漂浮島
L'île flottante

打發蛋白經過熱水煮熟或放入烤箱烘烤後，鋪在英式香草奶黃淋醬上，再淋上少許焦糖漿的法式蛋白霜甜品。漂浮島是法國餐廳套餐中的經典甜點，很適合夏天食用，冰涼後的英式香草奶黃淋醬配上滑溜帶甜的烤蛋白，和淋在蛋白上方的焦糖漿真是絕配，吃起來爽口不黏膩。

　　法國傳統的製作方式是把打發的蛋白放入深鍋裡以文火煮熟，再淋上冰涼的英式香草奶黃淋醬。但是我不太喜歡水煮的方式，吃起來感覺有點不順口。因為外子特別喜愛這道甜點，我研究製作好幾回後，找到自己的方式去製作它。這裡分享我用烘烤方式製作的漂浮島，希望大家會喜歡。

材料

- 600g 牛奶
- 80g 細砂糖
- 1 根香草棒
- 4 顆全蛋
- 100g 糖粉（或細砂糖）
- 少許焦糖漿（請參考「3-15 焦糖漿」作法）

份　　量：4~6 人份
難 易 度：★ ★ ☆
烤箱溫度：150 ℃
烘烤時間：30 分鐘

作法

1　蛋黃與蛋白分開備用。

2　製作一份英式香草奶黃淋醬（請參考「3-11 英式香草奶黃淋醬」作法）。

3　大缽裡放入蛋白。

4　用電動攪拌器打至軟性發泡。

5　加入糖粉（或細砂糖）繼續打發至硬性發泡。

6　烤盤鋪上烘焙紙。

7　蛋白分成四份整型，放入 150℃預熱好 10 分鐘的烤箱烘烤 30 分鐘。

8　移出烤箱放涼。

9　在冰淇淋杯中裝入放涼後的英式香草奶黃淋醬。

10　用刮刀刮起放涼冷卻的蛋白置於英式香草奶黃淋醬上，放置冰箱冷藏 2 小時。

11　食用前淋上少許焦糖漿。

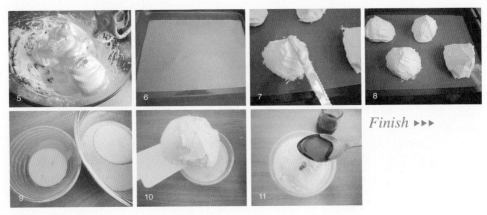

Finish ▶▶▶

6-1　*L'île flottante*

小叮嚀

1　蛋白烘烤至表面有點脆是我喜歡的方式，可惜烤蛋白顏色會變褐黃色，需加長烘烤時間約 50 分～ 1 小時。

2　法國傳統漂浮島的蛋白是柔軟白細口感。除了淋上焦糖漿，也可變換成不列塔尼焦糖奶油淋醬，撒上少許烤熟的杏仁片，也別有一番滋味。

3　步驟 3 打發蛋白時，可滴入 2~3 滴新鮮檸檬汁或白醋即可去除蛋白腥味。

6-2
法式小泡芙
Chouquette

起源於 16 世紀，創始者是法王亨利二世的王后凱薩琳‧德‧麥迪奇（Catherine de Médicis）從義大利帶來的御廚班特瑞里（Penterelli），他發明泡芙體的基本奶油糊，並以自己的名字命名為 Penterelli，之後他的繼任者波貝利尼（Popelini）將奶油糊拿到火裡烤而更名為熱麵糊（pâte à chaud），到了 18 世紀才被法國糕點師傅更名為酥皮泡芙（pâte à choux）。

法式小泡芙是用泡芙的基本麵糊裝入擠花袋擠成小球狀，塗上蛋黃水後在泡芙上面撒上小顆粒白色結晶糖，放入烤箱高溫烘烤而成。它是界於麵包和糕點之間的小西點，在法國麵包店或大型超市都買得到。小朋友很喜愛這空心帶點晶糖的點心，剛放學回到家飢腸轆轆，能吃上一口母親親手烘烤的小泡芙，應該是世界上最幸福的人。

我建議初學者先學會製作這道法式小泡芙，再進階學習其他泡芙的作法。香軟可口的泡芙出爐後放涼趁新鮮最好吃，因為放久晶糖受到空氣裡的水氣影響就沒這麼香脆了，最好的賞味期當然是趁新鮮享用，可別放隔夜啊。

材料

- 100g 水
- 50g 無鹽奶油
- 5g 食鹽
- 100g 低筋麵粉
- 3 顆全蛋
- 少許小顆粒白晶糖
- 少許蛋黃水（一顆蛋黃加上幾滴水混合均勻）

份　　量：約 25~30 個	
難 易 度：★ ☆ ☆	
烤箱溫度：210 ℃	
烘烤時間：20~25 分鐘	

作法

1 　深鍋裡放入水。

2 　加入食鹽。

3 　加入無鹽奶油。

4 　以中火煮沸。

5 　沸騰後加入麵粉。

6 　用木棒急速攪拌。

7 　直到麵粉和奶油水混合均勻為止，離火。

8　加入一顆全蛋攪拌均勻。

9　再加入一顆全蛋繼續攪拌至均勻。

10　再加入最後一顆蛋。

11　攪拌均勻。

12　裝入裝有擠花嘴的擠花袋中。

13　烤盤鋪好烘焙紙。

14　擠成約 10 元硬幣大小的小圓形，
　　塗上蛋黃水。

15　在泡芙上面撒上結晶糖。

16　放入 210℃預熱好 10 分鐘的烤箱烘
　　烤 20 ～ 25 分鐘。

17　移出烤箱放涼冷卻，即可裝盤上桌。

Finish ▶▶▶

小叮嚀

1　須特別注意的是，小泡芙烘烤時切勿打開烤箱，不然會整個扁塌！

4　享用小泡芙時搭配任何飲料都很適合。

3　蛋的重量加上蛋殼一顆約 60g 較好，太大會影響麵糊的濕度，麵糊若太稀則不容易定
　　型，也會影響烘烤後的外型和口感。

6-3
法式榛果奶餡小泡芙
Petits choux à la crème pralinée

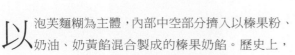

以泡芙麵糊為主體,內部中空部分擠入以榛果粉、奶油、奶黃餡混合製成的榛果奶餡。歷史上,泡芙曾是奧地利哈布斯王朝和法國波旁王朝在長期爭戰後達成政治聯姻,結婚喜宴上的壓軸糕點,因此不論婚禮、嬰兒滿月或是節慶,泡芙都是應景的絕佳慶祝甜點。

法式榛果小泡芙雖然沒有出色的外型,但只要吃上一口,濃厚榛果香隨即散放,可口又不油膩,令人食指大動,一口接一口停不下來。

這道擠入內餡的小泡芙是糕點初學者學習泡芙製作的第二進階。第一階段學會法式小泡芙後,再來學習這道榛果奶餡小泡芙,不但能夠更熟練泡芙的製作過程,也能學習如何將奶餡擠入泡芙中。

另外,教讀者以原味小泡芙變換製作成另一道法國知名飯後甜點,就是將製作好的空心小泡芙取三顆對切成半,中間各包裹上一球香草冰淇淋,再蓋回泡芙頂部,四周和頂端擠上少許發泡鮮奶油,再淋上熱巧克力醬,就成為法國餐廳甜點單裡的知名點心:夾心巧克冰淇淋酥球(Profiteroles au chocolat)。

材料

泡芙部分

• 100g 水　• 50g 無鹽奶油　• 5g 食鹽　• 100g 低筋麵粉　• 3 顆全蛋

榛果糖漿

• 100g 細砂糖　• 30g 水　• 100g 榛果粉

• 一份做好放涼的奶黃餡（請參考「3-12 奶黃餡」作法）

份　量：20~25 顆
難 易 度：★ ☆ ☆
烤箱溫度：200℃
烘烤時間：約 40 分鐘

作法

1　深鍋裡放入水、無鹽奶油、食鹽以中火煮沸。

2　沸騰後加入麵粉，用木棒或攪拌棒急速攪拌，
　　直到麵粉和奶油水混合均勻為止。

3　離火。

4　加入一顆全蛋攪拌均勻。

5　再加入一顆全蛋繼續攪拌均勻。

6　再放入最後一顆蛋。

7　繼續攪拌均勻。

8　裝入裝有擠花嘴的擠花袋中。

9　烤盤鋪上烘焙紙。

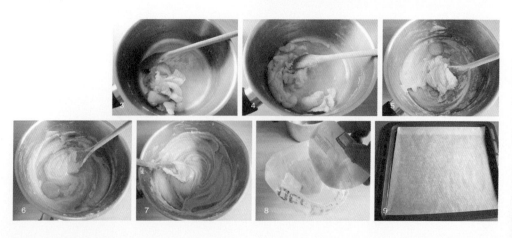

10 擠成 10 元硬幣大小的小圓形。

11 放入 200℃預熱好 10 分鐘的烤箱
   烘烤約 40 分鐘。

12 移出烤箱放涼冷卻。

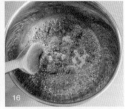

13 深鍋裡放入細砂糖和水，使其自然浸濕。

14 用中火邊煮邊搖晃深鍋，不要用木棒攪拌，一直煮到變濃稠。

15 離火後加入榛果粉。

16 攪拌均勻。

17 加入一份先做好冰涼的奶黃餡。

18 攪拌均勻放入冰箱冷藏變涼。

19 用筷子在小泡芙的底部穿上一個洞。

20 擠花袋中放入尖嘴擠花嘴後再裝入榛果奶餡，將榛果奶餡對準
   泡芙底部擠入洞內約七分滿。

21 放入冷藏冰涼約 1 小時，即可裝盤上桌享用。

Finish ▶▶▶

6-3 *Petits choux à la crème pralinée*

小叮嚀

1　小泡芙在烘烤中切勿打開烤箱，以免泡芙變塌。

2　擠入內餡時，若一時擠太多，內餡會從洞口溢出就表示擠太多了。

3　除了榛果奶餡外，還可換成奶黃餡、巧克力奶黃餡等口味。若覺得泡芙外觀太過單調，
　　可在泡芙上擠少許融化巧克力醬或撒上少許糖粉做裝飾。

6-4
巧克力閃電泡芙
Éclair au chocolat

起源於 19 世紀初，也以泡芙的麵糊為主體，外型像阿拉伯數字 1。巧克力閃電泡芙的內餡為純黑可可口味的巧克力奶黃餡，泡芙上面沾上少許巧克力醬，成為形狀如閃電般的泡芙，是法國人的最愛。

　　法國糕點店賣的閃電泡芙上面的沾醬，會變換不同顏色與口味，另外加上糖霜淋漿（Fondant blanc），形成有顏色的糖衣，例如開心果口味就變成翠綠色，草莓口味則是粉紅色等，其他還有咖啡、薄荷等口味，內餡也會隨著口味做變化。

　　巧克力閃電泡芙很適合在餐宴或下午茶會中，擺盤成自助餐的方式宴請客人，一定深受大家喜愛。

材料

泡芙部分

• 100g 水　• 50g 無鹽奶油　• 5g 食鹽
• 100g 低筋麵粉　• 3 顆全蛋

黑可可奶黃餡部分

• 500g 牛奶　• 100g 細砂糖　• 2 顆蛋黃
• 40g 玉米粉（或卡式達粉）
• 3 湯匙 100% 成分的黑可可粉（或 100g 融化巧克力）

巧克力沾醬

• 100g 黑巧力　• 100g 液態鮮奶油

份　　量：約 12 個
難 易 度：★ ★ ☆
烤箱溫度：200℃
烘烤時間：約 40 分鐘

作法〔泡芙部分〕

1　深鍋裡放入水、無鹽奶油、食鹽以中火煮沸。

2　沸騰後加入麵粉用木棒或攪拌棒急速攪拌成麵團離火。

3　繼續混合均勻為止。

4　加入一顆全蛋攪拌均勻。

5　再加入一顆全蛋繼續攪拌至均勻。

6　加入最後一顆蛋。

7　攪拌均勻。

8　烤盤鋪上烘焙紙。

9　裝入裝有擠花嘴的擠花袋中。

10 擠上 8 條阿拉伯數字 1 字形,約 15 公分長、2 公分寬。

11 放入 200℃預熱好 10 分鐘的烤箱烘烤 40 分鐘。

12 移出烤箱放涼冷卻備用。

作法〔黑可可奶黃餡部分〕

1 深鍋裡放入牛奶以中火預熱。

2 鋼鍋裡放入蛋黃、細砂糖、玉米粉、黑可可粉。

3 加入少許預熱中牛奶用打蛋器混合均勻。

4 再倒回深鍋中,用中火加熱繼續攪拌。

5 煮至濃稠後離火。

6 放涼冷卻後,冰至冷藏冰涼備用。

作法〔巧克力沾醬部分〕

1　深鍋裡放入扳成小塊的黑巧克力。

2　加入液態鮮奶油隔水加熱一邊攪拌至融化。

3　離火放涼冷卻。

  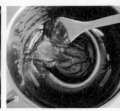

作法〔組合〕

1　將 1 字型泡芙沾上少許黑巧克力醬。

2　放至冷藏冰至巧克力變硬。

3　冷卻後的可可奶黃餡裝入細尖頭圓花嘴的擠花袋中。

4　泡芙底部用筷子叉一個洞。

5　擠入可可奶黃餡至七分滿（勿擠太滿），放入冷藏冰涼後即可食用。

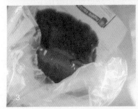  

小叮嚀

1　泡芙表面沾上黑巧克力沾醬，須等涼且稍濃稠時再沾，不用沾太多，以免擠黑可可奶黃餡時容
　易沾手，影響外型。

2　製作咖啡口味的閃電泡芙，只要在可可餡的部分改成咖啡餡；咖啡沾醬的材料改為100g牛奶巧
　克力、100g液態鮮奶油和2匙濃縮即溶咖啡粉混合加熱拌勻即可，其作法請參考「6-5雙球咖
　啡泡芙」。

6-5

雙球咖啡泡芙
Religieuse au café

以泡芙的基本麵糊為主體,包著奶油內餡的雙球型法式甜點。

　　La religieuse 的法文意為修女,這道甜點是修道院修女所發明,只讓修女在自己的教區販售。而泡芙覆蓋上的沾醬顏色就像修女的衣著顏色,之後便由巴黎糕點師傅將泡芙命名為 La religieuse。

　　雙球泡芙由一個圓形大泡芙,上面沾上巧克力醬並擠上奶油裝飾,再放上一個同樣形狀的小泡芙,泡芙中心用擠花袋擠入巧克力或咖啡兩種餡料。

　　有些台式泡芙用刀橫切為二,再擠入奶黃餡和發泡鮮奶油,裝飾上新鮮水果;而法式在口味上還是保留傳統原味,吃起來雖沒有台式泡芙來得花俏,但只要嘗過帶著濃厚咖啡奶餡,一定都會喜歡上它的傳統味道。

份　　量：約 8 個
難 易 度：★ ★ ★
烤箱溫度：200℃
烘烤時間：約 40 分鐘

材料

泡芙部分

• 100g 水　• 50g 無鹽奶油　• 5g 食鹽　• 100g 低筋麵粉　• 3 顆全蛋

咖啡奶黃餡部分

• 500g 牛奶　• 100g 細砂糖　• 2 顆蛋黃　• 40g 玉米粉（或卡式達粉）　• 2 湯匙濃縮即溶咖啡粉

巧克力沾醬

• 100g 黑巧力　• 100g 液態鮮奶油　• 裝飾用奶油餡少許（請參考「3-13 奶油餡」的作法）

作法〔泡芙部分〕

1　深鍋裡放入水、無鹽奶油、食鹽以中火煮沸。

2　沸騰後加入麵粉，用木棒或攪拌棒急速攪拌。

3　直到麵粉和奶油水混合均勻為止，離火。

4　加入一顆全蛋攪拌均勻。

5　再加入一顆全蛋繼續攪拌均勻。

6　加入最後一顆蛋。

7　攪拌均勻。

8　裝入擠花袋中。

9　擠上 8 個大圓和 8 個小圓。

10　放入 200℃預熱好 10 分鐘的烤箱烘烤約 40 分鐘。

11　移出烤箱放涼備用。

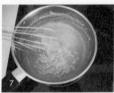

作法〔咖啡奶黃餡部分〕

1　深鍋裡放入牛奶以中火預熱。

2　加入濃縮即溶咖啡粉混合均勻。

3　鋼鍋裡放入蛋黃、細砂糖。

4　加入玉米粉稍為混合一下。

5　加入少許預熱中的咖啡牛奶，用打蛋
　　器混合均勻後，再倒入全部咖啡牛奶
　　繼續混合均勻。

6　倒回深鍋中，以中火加熱。

7　繼續加熱邊攪拌，煮至濃稠後離火。

8　放涼冷卻後，放冷藏冰涼備用。

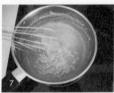

作法〔巧克力沾醬部分〕

1　深鍋裡放入扳成小塊的黑巧克力。

2　加入液態鮮奶油隔水加熱一邊攪拌至融化。

3　離火放涼。

作法〔組合〕

1　大小泡芙頂端沾上少許黑巧克力醬，放冷藏冰至巧克力變硬。

2　冷卻後的咖啡奶黃餡裝入尖頭圓花嘴的擠花袋中。

3　泡芙底部用筷子叉一個洞。

4　擠入咖啡奶黃餡至七分滿（勿擠太滿）。

5　大泡芙作底，擠上少許奶油醬裝飾在中央。

6　再放上小泡芙。

7　放入冷藏冰涼後即可食用。

Finish ▶▶▶

Religieuse au café

小叮嚀

1　泡芙烘烤時切勿打開烤箱，否則泡芙會因突然間的溫差而消脹變塌。

2　沾上巧克力醬時，頂端沾完醬後稍為讓巧克力醬滴完，再翻面平放在鋪好烘焙紙的烤盤上，放冷藏至巧克力變硬，再拿出來叉洞擠上咖啡奶黃餡。可在泡芙底部打洞，比較看不到洞口。

3　裝飾用的奶黃餡若不想再行製作，可取 100g 咖啡奶黃餡加入 40g 無鹽奶油（放入微波爐加熱 8 秒成軟膏狀），一起用電動攪拌器打發混合均勻作為裝飾用的咖啡奶油醬即可。

6-6
法式焦糖布丁
Crème caramel

法國糕點裡最常見也最平民化的甜點。沒有複雜的製作過程，非常容易上手。以牛奶、蛋、糖混製而成，烤模杯底放上少許煮滾的焦糖漿再倒入蛋糊，隔水加熱烘烤，冰涼後即可享用。吃起來就像台灣 7-11 賣的焦糖布丁，但法式焦糖布丁純汁原味，沒有添加任何人工添加物，吃起來更加綿密，入口即化，散發出濃郁焦糖香味，使人忍不住多吞兩口。

　　這道甜點老少咸宜，法國超市也買得到現成製好，裝在單杯裡的焦糖布丁。法國老祖母特別喜歡製作這道點心，家庭餐會時給兒孫或未長牙的小寶寶當飯後甜點。法國媽媽通常不會放在小烤杯裡烘烤，而是放在大型玻璃平缽烤一大缽，上桌時再讓家庭成員分食，用湯匙舀起自己想吃的份量，一家人和樂融融地享用母親親手製作的媽媽味香草焦糖布丁。

材料

- 750g 牛奶
- 150g 細砂糖
- 5 顆全蛋
- 125g 細砂糖
- 35g 水
- 1 根香草夾（或一茶匙香草精）

份　　量：6～8 人份
難 易 度：★☆☆
烤箱溫度：180℃
烘烤時間：25~30 分鐘

作法

1　深鍋裡放入 125g 細砂糖，加入 35g 水。

2　用中火加熱左右搖晃。

3　煮沸變成焦糖（圖 3、3-1）。

4　煮好的濃稠焦糖倒入每個烤具裡。

5　放涼變硬備用。

6　香草棒用刀子切對半。

7　深鍋裡放入牛奶，刀尖刮起香草籽。

8　放入牛奶以中火煮滾備用。

9　鋼鍋裡放入 5 顆全蛋。

10　加入 150g 細砂糖。

11　用打蛋器攪拌至變白。

Finish ▶▶▶

12　預熱好牛奶加入蛋糖糊中攪拌混合均勻。

13　過篩。

14　用湯匙將奶糊上的泡泡舀掉。

15　倒入裝有焦糖的烤具至八分滿。

16　放至大型玻璃烤模上,倒入溫水至烤模五分滿。

17　放入 180℃預熱好 10 分鐘的烤箱,隔水加熱烘烤 25 ～ 30 分鐘。

18　烤至蛋糕中央不再呈水狀,變硬後移出烤箱,戴上隔熱手套一個個拿出隔水加熱烘
　　烤成熟的布丁杯。

19　放在烤盤上放涼冷卻,再放冷藏變涼。

20　食用前在焦糖布丁的邊緣用刀尖劃一圈。

21　盤子蓋上焦糖布丁杯,快速翻面。

22　上下搖晃一下焦糖布丁杯,使布丁自然掉下再掀開模具,即可食用(也可不用將布
　　丁翻面,直接用湯匙享用)。

6-6 *Crème caramel*

小叮嚀

1 讀者若喜歡熱食焦糖布丁，可直接用湯匙舀起模具中的布丁享用。否則還是建議冰涼過再吃，因為焦糖布丁若沒冷藏就馬上倒扣它，外型不會硬朗有型，而是變成軟糊糊的布丁糊。

2 若要自製香草糖粉，一包香草糖粉可用 1 茶匙香草粉混合 1 茶匙黃砂糖，若使用香草濃縮精 3 滴即可，法國香草糖漿則是 1 湯匙。

6-7
焦糖烤布蕾
Crème brûlée

烤布蕾最早出現在法國貴族大廚馬夏洛（François Massialot）1691 年的著作《王室與上流社會廚藝》（*Le Cuisinier royal et bourgeois*），書中將這道甜點命名為 Crème brûlée，即「燒焦的奶油」。

　　法國餐廳的甜點單更少不了焦糖烤布蕾。它的製作過程很簡單，沒有繁雜的製作程序，簡單易上手！入口即化的香濃香草奶味，與其他烤布丁大有不同。不同的是，一般烤布丁是先在布丁的底部鋪上一層焦糖，再倒入布丁奶糊隔水烘烤，放涼時再倒扣食用，焦糖融化成水狀，熟布丁帶有略苦的焦糖味。而焦糖烤布蕾經過烘烤，內層布丁奶餡仍保有獨特的單純香草奶蛋味，表層撒上黃砂糖，再用瓦斯噴槍的強力火候將表面的黃砂糖烤成一層薄而酥脆、帶甜的焦糖糖衣，外脆內軟，裡外各有獨特的層次風味。

　　想變換其他口味的烤布蕾，可在步驟 6 將香草改成其他口味的材料，與蛋、糖一起混合即可。另外，最後一道手續是最重要的環節，利用瓦斯噴槍的火力將表面的黃色細砂糖急速融化，烤成一層薄而酥脆的焦糖。

份　　量：5 人份	
難 易 度：★ ★ ☆	
烤箱溫度：140℃	
烘烤時間：45~ 50 分鐘	

材料
- 5 顆蛋黃
- 70g 細砂糖
- 500g 液態鮮奶油
- 一根香草莢（或 5g 香草精）

作法

1　蛋黃與蛋白分開。

2　蛋黃加入細砂糖。

3　用打蛋器打到發白。

4　加入液態鮮奶油和糖與蛋黃混合攪
　　拌均勻。

5　香草棒對切，用刀尖由左往右刮起
　　香草莢內的香草籽（或用香草精）。

6　刮起來的香草籽放入蛋奶糊中。

7　充分攪拌混合均勻。

8　香草蛋奶糊過篩（若用香草精，這
　　步驟可省）。

9　烤盤裝入少許的水。

10 香草蛋奶糊倒入模具中。將裝好蛋奶糊的模具放至烤盤上，再放入 140℃ 預熱
   好 10 分鐘的烤箱，隔水加熱烤 45~50 分鐘。

11 移出烤箱放涼，倒掉烤盤上的水，放冷藏 3~6 個小時。

12 食用前在烤布蕾上鋪一層黃砂糖。

13 再用瓦斯噴槍均勻地將黃砂糖烤成一層薄焦糖狀。

14 裝飾一下即可上桌。

Finish ▶▶▶

小叮嚀

1 焦糖烤布蕾可做成其他口味，如檸檬、椰奶、咖啡、杏仁、
  柳橙，只要與蛋和糖混合時一起加入混合即可，但請斟酌加
  入液態的比例，若是椰奶口味，可加入 350g 液態鮮奶油和
  100g 甜點用椰奶，濃縮精則是 5~7g 左右，請依自己的口味
  酌量加入。

2 瓦斯噴槍可在烘焙器具專賣店或大賣場的五金水電區找到。

6-7 *Crème brûlée*

6-8
焦糖蘋果
Pommes caramélisées

由帶皮蘋果去心後與奶油和方糖、細砂糖一起
烘烤，融化後的砂糖與奶油混合成奶油味濃
厚的焦糖，烘烤熟透的蘋果內部軟而帶甜酸滋味，
是道冷熱食皆宜的甜點。夏天，冰涼後可加一球香
草冰淇淋一起吃；冬天，淋上少許加熱過的不列塔尼
焦糖奶油也很對味。另外，撒上烘烤過的松子一起食用
也別有一番風味。

家裡若有蘋果放過久已食之無味時，可以拿來做這道焦糖烤蘋果，起皺無汁且太過發
酵的蘋果馬上變身成法式經典甜點！喜歡帶酒味的朋友，可以在剛烤出來時澆上少許白
蘭地或蘭姆酒，吃起來就帶有香醇的酒香和焦糖香。

份 量：4人份	**材料**
難 易 度：★ ☆ ☆	• 50g 無鹽奶油
烤箱溫度：200℃	• 4 顆蘋果
烘烤時間：30~35 分鐘	• 100g 細砂糖
	• 8 顆方糖

作法

1　蘋果去蒂，蒂心留著。

2　蘋果去心不要削皮，切掉少許蘋果的尾端備用。

3　烤模裡抹上無鹽奶油備用。

4　蘋果放入烤模，方糖塞入蘋果心。

5　蘋果蒂蓋在蘋果上方一起放在烤模上。

6　撒上細砂糖。

7　平鋪上切片的無鹽奶油在蘋果上端。

8　再撒上細砂糖。

9　送入 200℃預熱好 10 分鐘的烤箱烘烤 30 ～ 35 分鐘。

10　移出烤箱裝盤，將模具裡剩餘的焦糖奶油糖漿淋在蘋果上。

6-8   *Pommes caramélisées*

小叮嚀

1　可撒上少許烘烤過的松子一起食用。

2　若蘋果著色太快，可在模具上方蓋一張鋁箔紙。

3　烤模上的焦糖遇熱已硬結，可倒入少許熱水一起混合後再淋在蘋果上。

6-9
糖心蘋果
Pomme d'amour

以滾燙的糖漿加入紅色食用色素後整個包裹在蘋果外皮上，成為外型極為鮮艷吸引目光的紅蘋果。平時並不常見，只有在法國連續假期或是特殊節慶時，城裡設置了遊樂場，各地來的大型遊樂設施駐地營業，其中摻雜著幾攤賣小吃和糕點的攤販，讓年輕人和小朋友在放假期間到城裡狂歡，玩著平時難得一見的各式大型遊戲機，這時才會見到販賣食物的餐飲攤上賣著棉花糖、糖心蘋果等，而糖心蘋果最受小朋友喜愛！舔完包裹在蘋果外皮上的糖，再吃裡頭的蘋果，邊吃邊逛遊樂場，可招來其他小朋友的羨慕眼光，當然也有熱戀中的年輕人你一口我一口地享用，讓人看了好不甜蜜。

材料

- 60g 無鹽奶油　•20g 水
- 幾滴白醋　•20 滴紅色食用色素
- 4 小顆黃金蘋果（Golden）或綠色蘋果
- 400g 細砂糖　•2000cc 冰水

份　　量：4 人份
難易度：★★☆

作法

1　蘋果洗淨擦乾，用免洗筷子（或粗一點的竹叉）從蘋果的尾端叉入蘋果中心。

2　深鍋裡放入細砂糖、水。

3　滴入幾滴白醋。

4　放入切成小塊的無鹽奶油。

5　用中火煮滾至顏色透明的濃稠糖水。

6　加入紅色食用色素急速攪拌均勻，離火後稍放一兩分鐘（圖6～6-2）。

7　大缽裡放入冰水或裝滿冷水備用，將蘋果浸入紅糖水中迅速轉一圈，使蘋果完全沾滿糖漿，在空中轉一轉讓糖漿完全覆著在蘋果上，不會滴下糖漿（圖7～7-1）。

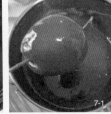
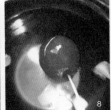

Finish ▶▶▶

8　迅速將糖心蘋果浸入冰水中輕輕地、不停地轉動使糖衣變硬後離水，插在可以固定筷子的地方或蘋果頂端倒放在盤子上，使糖衣凝固即可（圖 8 ～ 8-2）。

 *Pomme d'amour*

小叮嚀

1　執行步驟 7 和步驟 8 時速度要快一點，不然糖水放一會就會變硬。

2　蘋果一定要擦乾表皮水分，不必去蒂直接叉入筷子才比較緊貼。若真想去蒂，
　　請勿去掉太多蒂頭。

3　可換成其他水果，如草莓、梨子、李子、番茄、櫻桃等。

4　糖漿燙手，製作時請小心，勿讓手碰到糖漿，不然可是會燙傷起水泡。

6-10
蒙布朗
Mont Blanc

Mont Blanc 法文原意為白朗峰。由蛋糕或圓塔作底，中間擠滿細線條的栗子鮮奶油餡，一路攀沿而上，就像一座小山似地，頂端撒上糖粉，宛如白雪皚皚的白朗峰；這座山界於義大利、瑞士、法國邊境，峰頂終年積雪。

　　傳說於法國東南部和義大利山區居民都會在自家製作栗子泥，和打發鮮奶油混合製成栗子餡。最初在 1903 年巴黎某家茶坊裡販賣，後來由糕點名師皮耶・艾梅（Pierre Hermé）寫下新的蒙布朗配方食譜，深受日本人喜愛。

　　以下食譜參考法蘭西斯老師傅的配方，再自己調配出來，利用不列塔尼奶油小圓餅的製作方式再加上榛果粉，然後在餅乾上方先擠上一些栗子餡，再沿著栗子餡的外圍擠上栗子奶油餡，最後在頂端裝飾上一顆栗子，撒上糖粉，希望大家會喜歡！

份　　量：8 人份	
難 易 度：★ ★ ★	
烤箱溫度：160℃	
烘烤時間：30 分鐘	

材料

作底餅乾

- 125 g 半鹽奶油　• 100 g 細砂糖　• 1 顆蛋黃
- 130g 低筋麵粉　• 20g 榛果粉

栗子奶餡

- 250g 罐頭栗子和 250g 現成栗子香草糖餡　• 80g 無鹽奶油　• 200g 液態鮮奶油　• 30g 糖粉

作法〔作底榛果餅乾〕

1　軟化後的奶油加入細砂糖用電動攪拌器攪拌均勻。

2　加入蛋黃繼續攪拌。

3　加入低筋麵粉、榛果粉。

4　麵粉團攪拌至充分均勻。

5　用塑膠刮刀將旁邊沾黏的奶油麵團集中成一個麵團。

6　麵團舖在烘焙紙中間。

7　慢慢輕壓麵團，邊滾成長條柱狀。

8　兩邊的烘焙紙往下摺好，放入冰箱冷凍至麵團變硬
　　（約 30 分鐘）。

9　拿出麵團用刀子切片，每一片厚約 1 公分。

10　放入 160℃預熱好 10 分鐘的烤箱烘烤
　　30 分鐘，餅乾表面上色後移出烤箱，
　　趁熱倒蓋脫模（如果是用慕斯專用兩
　　開式模子，由上往下壓脫模）。
11　放涼即可使用。

作法〔栗子奶餡〕
1　無鹽奶油在室溫中軟化備用。
2　用電動攪拌器打發。
3　加入 250g 現成栗子香草醬。
4　繼續攪拌混合均勻備用。
5　液態鮮奶油加入糖粉打發成發泡鮮奶油，放入冷藏備用。
6　罐頭栗子用熱水泡軟 5 分鐘。
7　濾乾多於水分。
8　用湯匙反面壓碎。
9　用網篩壓成泥狀。

10　混入栗子奶油香草醬內，用電動攪拌器攪拌均勻。

11　裝入約三分之一的栗子餡在裝好大圓嘴的擠花袋中。

12　榛果餅乾放在鋪好烘焙紙的烤盤上。

13　擠上一些栗子餡在餅乾中心上作底。

14　剩下的栗子餡混入發泡鮮奶油一起混合再打發。

15　放入裝好小圓嘴的擠花袋中。

16　將栗子發泡鮮奶油餡以順時針方向繞成山尖狀圓形。

17　放冰箱冷藏，食用前撒上糖粉，裝飾上巧克力或一顆栗子即可上桌食用。

小叮嚀

1　餅乾底部可改為烘烤好放涼的戚風蛋糕體，切成 1 公分薄片，再打印成小圓代替。

2　若找不到香草栗子糖餡，可將罐頭栗子配方改成 500g 栗子，無鹽奶油打發混合攪拌時加入 130g 糖粉和 10g 香草粉（香草精）一起混合攪拌。或者直接使用烘焙材料行販賣的黃色栗子糖餡現成品，不必再另外加糖粉，作法比照上述配方即可。

6-10   Mont Blanc

6-11

馬卡龍
Macaron

由蛋白和杏仁粉製作而成的圓形小甜餅，大小約三～五公分寬。中世紀就已存在，最早發跡於義大利，17 世紀傳至法國，由法王路易十六的王后瑪麗・安托內帶入上流社會而流行起來，在亞眠、羅亞爾河一帶和西班牙巴斯克等地成為地方特色甜點。

馬卡龍千變萬化，內餡有鹹有甜，外觀也能變化出各種顏色。兩片糖霜杏仁蛋白餅間夾著濃縮果醬或焦糖奶油、巧克力夾心等，也有混合香料和甜酒的內餡，在法國南部盛產薰衣草的普羅旺斯更有薰衣草馬卡龍，不論星級餐廳、咖啡館或甜點店，都可見到它五顏六色的圓形蹤影，巴黎甚至還有聞名全球的頂級馬卡龍專賣名店 Ladurée，堪稱是法國最夯的甜點之一！

這道糕點外殼酥脆，內軟濕潤，口感細緻多層次，在全球各地有許多愛好者。台灣這一兩年也風靡起這繽紛小點，甜點大師名店紛紛進駐，推出各式口味的馬卡龍，吸引消費者趨之若鶩。馬龍卡小而精巧，不似一般甜點

高熱量，是時尚人士最喜歡的甜點代表，常常買來當伴手禮或是下午茶點心，與愛好這一味的親友一起分享。

賣相及品質頂級的馬卡龍，在食材品質要求講究外，製作過程中更需要仔細有耐心。配方上講求比例協調，製作程序上也得抓住要領，才能做出吃起來有層次有質感的馬卡龍。大師級水準的馬卡龍並沒有想像中的高深莫測，只要照著本文的製作方法和小訣竅，不需要專業器具，只需製作點心的一般基本器具，就能輕易在家做出可愛小巧的杏仁蛋白小圓餅馬卡龍。

● 普羅旺斯市集販售各種顏色和風味的薰衣草馬卡龍。（圖片提供：Li Li）

材料
- 95g 細顆粒杏仁粉
- 155g 糖粉 ● 75g 蛋白 ● 45g 細砂糖
- 少許果醬（各式果醬皆可）
- 少許黃色、藍色、紅色食用色素
- 黑或白巧克力夾心餡
（請參考「3-17 巧克力夾心餡」作法）
- 少許不列塔尼半鹽奶油焦糖
（請參考「5-14 不列塔尼奶油焦糖」作法）

份　　量：約 25 個	
難 易 度：★ ★ ★	
烤箱溫度：130℃	
烘烤時間：25~28 分鐘	

作法
1 糖粉與杏仁粉過篩。
2 攪拌均勻備用。
3 蛋白用電動攪拌器打發成軟性發泡。
4 加糖繼續打發至前期的硬性發泡。

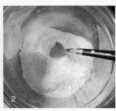

5　糖粉和杏仁粉倒入蛋白糊中。

6　用木棒或蛋糕刮刀由下往上翻面攪拌均勻。

7　杏仁糖糊分成三份，一份加入兩滴黃色食用色素，一份加入兩滴紅色食用色素，一份加入兩滴黃
　　色和一滴藍色食用色素成為綠色，將每一份的杏仁糖糊輕輕拌勻至杏仁糊發亮即可（圖7～7-4）。

8　烤盤鋪上烘焙紙。

9　放入圓形擠花頭至擠花袋中，拉緊後裝入杏仁糊。

10　不同顏色的蛋白粉糊分別裝入擠花袋（或擠完一份將擠花帶和擠花嘴洗淨擦乾，再裝上另一份，
　　或使用丟棄式擠花袋，只要洗滌擦乾擠花嘴即可）。

11　直擠一下不要轉動，擠成約 10 元硬幣大小的圓形，每個蛋白圓餅糊之間需間隔留一些空間。

12　擠好的杏仁馬卡龍糊靜放 30 分鐘，若麵糊上有小泡泡用牙籤
　　輕輕搓破稍加填平，不要破壞麵糊的外型。

13　放入 130℃預熱好 10 分鐘的烤箱烘烤 25 ～ 28 分鐘。

14　移出烤箱放涼。

15　小心脫模。

16　用小咖啡匙舀夾餡，手輕輕頂住馬卡龍的邊緣。

17　以順時針方向塗上三次，動作需輕巧，不然蛋白餅非常易碎。

18　塗完一面夾心，再蓋上另一片蛋白餅即可食用。

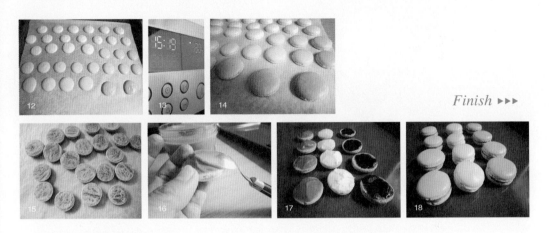

Finish ▶▶▶

小叮嚀

1　步驟 3 的前期硬性發泡就是介於軟性發泡和硬性發泡之間，比較接近硬性發泡，蛋麵糊不能太
　　硬，得帶點軟度才行，不然擠出來的蛋白小圓餅會太乾不夠圓滑，影響馬卡龍的外觀。

2　步驟 6 想要知道杏仁糊到底有無拌勻，只要麵糊變得油亮光滑，就可裝入擠花袋擠成大小一致
　　的小圓形。

3　靜放 30 分鐘非常重要！這個過程是要讓小圓餅表面的蛋白糖粉乾燥成形，烘烤時才不易裂開。

4　我家烤箱的烘烤溫度是 130℃烘烤 20 ～ 25 分鐘最為理想。每個人家裡烤箱的火溫狀態並不相
　　同，請自行斟酌，最好不要超過 150℃以上。火溫太高容易使表皮裂開，烤出來的顏色變褐色。
　　出爐後的小圓餅以內軟外硬、底部完全乾燥為最佳狀態。

5　這個配方的糖粉切勿減少，若減少會影響烘烤後的外型和口感。

6　另可製作不同風味的馬卡龍，如可可粉或綠茶粉、咖啡粉（細粉狀），與杏仁粉和糖粉一起過篩。
　　至於夾心部分，可夾入各式風味的果醬、不列塔尼奶油焦糖或加工後的巧克力醬。

7　烤好未塗醬料的小圓餅放入鐵盒可保存一兩星期，吃前再塗上夾心即可。如此可以不影響風味
　　又可延長保存期限，端上桌時很令人驚豔喔。

6-11 ◆ *Macaron*

紅、藍、黃三色
食用色素配色表　　　（單位：滴數）

- 紅 12：紅 12 ＝紅色　　　黃 12：黃 12 ＝黃色
- 藍 12：藍 12 ＝藍色　　　黃 4：藍 3 ＝綠色
- 黃 9：藍 2 ＝開心果綠　　黃 5：藍 3 ＝薄荷綠
- 黃 2：藍 12 ＝綠松石色
  （接近藍與綠的混合色）
- 紅 3：藍 1 ＝粉紅色　　　紅 3：黃 9 ＝橙色
- 紅 5：黃 5 ＝朱色　　　　紅 9：藍 6 ＝紫色
- 　　　紅 6：黃 7：藍 2 ＝淡褐色

草莓奶油霜蛋糕
Fraisier

法式戚風蛋糕或夾心餅乾蛋糕為蛋糕體，與新鮮草莓、無鹽奶油，加上糖粉製作成為重奶油口味的草莓蛋糕。傳統糕點店的奶油霜蛋糕上層，還會鋪上一層杏仁糖麵做裝飾。在法國的蛋糕種類裡，由新鮮發泡奶油當夾層的輕奶油蛋糕種類並不多，但重奶油口味的蛋糕卻有許多選擇，也深受法國人喜愛！

歐洲的氣候一年只有三～四個月才能見到豔陽，其他時節天候寒冷，人們需要厚實一點的食物來保持身體的溫暖，因此，奶油是生活中不可缺少的食品之一。

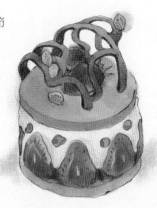

這道草莓奶油霜蛋糕在法國很受歡迎，不論是生日蛋糕或是各種節慶都可以輕易見到，蛋糕夾層中的奶油和奶黃餡均勻混合後，味道變得清淡甜美沒有一絲黏膩感，很適合各種年齡層的人們來食用，吃起來的感覺與台灣以發泡奶油當夾層的草莓蛋糕有很大的差別。

份　量：6~8 人份
難易度：★★☆

材料

- 一個 9 吋圓形戚風蛋糕（請參考「3-4 法式戚風蛋糕」作法）
- 一份作好放涼的奶黃餡（請參考「3-12 奶黃餡」作法）
- 250g 新鮮草莓　• 60g 無鹽奶油　• 40g 糖粉
- 100g 水和 100g 細砂糖煮成糖水放涼備用（沾蛋糕體用）

作法

1　戚風蛋糕製作好放涼後，用鋸齒蛋糕刀橫切成三片取兩片備用
　　（一片可以用保鮮膜包起來冷凍起來作其他用途）。

2　6 顆草莓去蒂洗淨。

3　放入電動磨碎機加入一半糖水攪拌後備用。

4　無鹽奶油放室溫軟化後，加 40 克糖粉打發混合。

5　再加入放涼的奶黃餡。

6　混合攪打均勻。

7　兩片蛋糕的內層刷上草莓糖水。

8　放一片塗好草莓糖水的蛋糕底層在沾板上，用刮刀舀一些奶油醬在蛋糕上抹勻鋪平。

9　草莓橫切對半，整齊地鋪在奶油醬上。

10　再將剩下的奶油醬放在草莓丁的上方。

11　塗滿草莓間的空隙並抹平。

12　蓋上上層的蛋糕。

13　用刮刀抹平蛋糕邊緣，放入冰箱冷藏一～二小時。

14　食用前在蛋糕上方放上厚紙板撒上糖粉裝飾，
　　一次直的一次橫的（圖 14 ～ 14-2）。

15　在蛋糕上面擠上剩下的奶油餡，放上半顆或一
　　顆草莓作裝飾即可食用。

Finish ▶▶▶

小叮嚀

1　新鮮草莓的選擇盡量大小相同，切對半裝飾時高度也盡量一致。

2　放上草莓塗上奶油後，草莓與草莓間的空隙盡量填滿，這樣切片才有美感。

3　也可切成小丁直接混在奶油餡裡，再塗在蛋糕上。

4　剩餘的糖水可裝入乾淨的果醬瓶放冷藏，日後可用在其他用途上，如攪打果汁時加入。

Fraisier

6-13
蛋白糖霜檸檬塔
Tarte au citron Meringuée

相 信大家都吃過檸檬塔吧,但是加上蛋白糖霜的檸檬塔呢?蛋白糖霜起源於16世紀,瑞士和義大利兩國對它真正的源起一直有些爭論,16世紀出版的食譜手稿首次出現這道食譜的配方,現在則到處可見到這道甜點。

蛋白糖霜是精緻又低卡路里的甜食。主要材料是以蛋白和砂糖混合打發成發泡蛋白,放入低溫烤箱烘烤至完全乾燥,口感外脆內綿。作法有瑞士式、義大利式、法式三種,但基本材料相同,只是在材料的重量和製作方法過程上有所不同。例如:1、瑞士式是將蛋白打發後,加入砂糖隔水加熱。2、義大利式是蛋白打發後加入滾沸的濃糖水。3、法式則是打發蛋白,加入糖粉或細砂糖打至硬性發泡,再裝入擠花袋擠出造型,低溫烘烤乾燥。但義大利式的蛋白糖霜並不適合低溫烘烤,而是用專業用瓦斯噴槍將蛋白糖霜的表面焦化,作為糕點的裝飾。

材料

- 100g 細砂糖 • 110g 水
- 20g 液態鮮奶油 • 35g 無鹽奶油
- 3 顆檸檬 • 40g 玉米粉 • 4 顆全蛋
- 1 茶匙香草精 • 少許檸檬皮絲
- 1 張圓形塔皮
（請參考「3-6 甜塔皮」作法）
- 150g 義式發泡蛋白糖霜
（請參考「3-3 義式發泡蛋白」作法）

份　　量：6 人份	
難 易 度：★★★	
烤箱溫度：200℃	
烘烤時間：40~50 分鐘	

作法

1　蛋白和蛋黃分開備用（蛋白用保鮮膜封好冷藏備用）。

2　檸檬洗淨，用刀子切下幾片檸檬皮薄片。

3　去掉內皮的白膜，再切成細絲備用。（約一顆檸檬的皮量）

4　檸檬切半後擠成檸檬汁備用。

    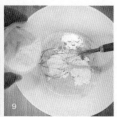

5　烤箱用 200℃火溫預熱 10 分鐘。

6　準備好一張塔皮，擀好叉洞，放上烘焙紙和黃豆（或糕點專用烘焙石），
　　放入烤箱烘烤 25 分鐘。

7　烤塔皮的同時，在深鍋裡將水和 50g 細砂糖、檸檬汁用攪拌棒攪拌均勻。

8　加入檸檬碎皮混合均勻，用小火煮勻。

9　蛋黃加入剩下的 50g 細砂糖，用打蛋器打至變白，放入玉米粉混勻。

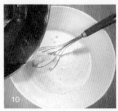  

10　加入一半的檸檬糖汁混合攪拌。

11　再倒回深鍋裡用中火邊加熱邊攪拌，加熱至餡料稍微變稠。

12　拌入 35g 奶油拌勻。

13　加入 20g 液態鮮奶油攪拌均勻後離火。

14　拿出烤好的塔皮去掉烘焙紙和黃豆，餡料倒入塔皮內至七分滿，裝太滿內餡會溢出。

15　放入 200℃烤箱內烤 20~25 分鐘後，移出烤箱放涼，冰入冰箱冷藏 6 小時。

 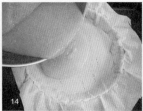 

16　檸檬塔冰涼後，3顆蛋白用電動攪拌器製作成義大利發泡蛋白備用。

17　冷藏後的檸檬塔擠上義大利蛋白糖霜裝飾。

18　再用瓦斯噴槍噴上焦化的顏色即可上桌。

  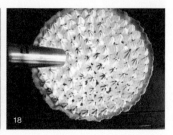

• 不加蛋白糖霜的純檸檬塔。

• 用100℃低溫烘烤的
　檸檬蛋白糖霜塔。

小叮嚀

1　對初學者來說，這道糕點步驟太過繁雜。我的建議是讀者先學會做檸檬塔，再進階學做加了
　　蛋白糖霜的糖霜檸檬塔。

2　沒有瓦斯噴槍，可在檸檬塔裝飾以發泡蛋白製作的法式蛋白糖霜，須等檸檬塔烤熟後放至微
　　溫，再擠上或鋪上法式蛋白糖霜，以100℃低溫烤一個半小時。此時的蛋白糖霜顏色變得較
　　褐黃，口感上較鬆脆，沒有義式發泡蛋白的口感來得綿細有質感。

3　為義式蛋白糖霜上色時，記得先去掉烘焙紙，再使用噴槍上色，不然可是會讓烘焙紙著火的。

Tarte au citron Meringuée

6-14

聖多諾黑
Saint Honoré

起源於 19 世紀，相傳是一位巴黎糕點師傅所發明。這位糕點師是非常虔誠的天主教徒，為了紀念麵包和甜點的守護聖人聖多諾黑主教，而且自己的糕點店就開在巴黎聖多諾黑街上，於是便將這道甜點如此命名。每年 5 月 16 日是聖多諾黑主教安息的日子，全法國的麵包糕點師都會在這天製作這道甜點來紀念主教。而這道傳統糕點也是許多神聖節日的主要慶祝糕點，如結婚典禮、受洗禮、天主教成年禮等。

聖多諾黑以千層派皮為底，在派皮底座鋪上幾顆包著奶黃餡和沾上焦糖的泡芙，再擠上發泡鮮奶油作裝飾。而在法國結婚典禮上，聖多諾黑是以牛軋糖為底，與沾了焦糖的小泡芙堆成一座泡芙小山；而嬰兒受洗禮是用牛軋糖組合成嬰兒推車，車裡內外則堆滿泡芙。法國天主教徒信仰虔誠並堅守傳統，相信各個天主教節日，都有其配合節日主題而變換成各式造型的聖多諾黑吧。

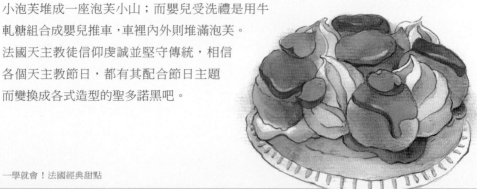

份　　量：4 人份
難 易 度：★ ★ ★
烤箱溫度：240℃
烘烤時間：15 分鐘

材料

- 一張派皮（請參考「3-6 派皮」作法）
- 一份奶黃餡（請參考「3-12 奶黃餡」作法）
- 一份發泡鮮奶油（請參考「3-10 發泡鮮奶油」作法）
- 圓形小泡芙 9 顆（請參考「6-2 法式小泡芙」作法）
- 200g 細砂糖　• 50g 水　• 幾滴食醋（或檸檬濃縮汁）

作法

1　派皮擀成圓形去邊（約 9 吋蛋糕大小）。

2　放在鋪好烘焙紙的烤盤上，用叉子均勻叉上幾個洞，使派皮在烘烤時能均勻膨起。

3　放入 240℃預熱好 10 分鐘的烤箱烘烤 15 分鐘。

4　移出烤箱放涼備用。

5　將烤好放涼的小泡芙用筷子戳一個洞。

6　備好放涼的奶黃餡裝入擠花袋中，將奶黃餡擠入泡芙中約六分滿。

7 　深鍋裡放入細砂糖和水，加入幾滴食醋（或檸檬濃縮汁）。

8 　用中火煮滾變成焦糖（可以搖晃深鍋，但切勿攪拌）。

9 　倒一些在派皮邊緣。

10 　用烤肉夾將泡芙的底部沾上焦糖。

11 　放在放涼的派皮上圍成一個圓。

12 　在泡芙上方淋上剩餘的焦糖。

13 　放涼冷卻。

14 　在派皮中央和泡芙細縫間擠上發泡鮮奶油。

15 　即可食用。

小叮嚀

1 　剛煮好的滾燙焦糖漿很容易燙手，一不小心就會燙傷，建議讀者用烤肉夾輕
　　輕夾住沾上焦糖，鋪在派皮上。

2 　步驟 9 到步驟 13 的速度要快一些，因為焦糖很快就會變硬，不好操作。

3 　可一次做好幾種泡芙外皮和奶黃餡，如雙球咖啡泡芙、巧克力閃電泡芙等。
　　另外，也可把內餡的奶黃餡改為法式榛果小泡芙的榛果奶餡。

香草千層派
Mille feuilles à la vanille

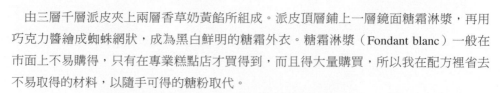

起源於 17 世紀，由法國糕點師傅德拉瓦漢（François Pierre de La Varenne）於 1651 年在自家餐廳所發明，之後由其他糕點師加以發揚光大，成為法國知名甜點。

由三層千層派皮夾上兩層香草奶黃餡所組成。派皮頂層鋪上一層鏡面糖霜淋漿，再用巧克力醬繪成蜘蛛網狀，成為黑白鮮明的糖霜外衣。糖霜淋漿（Fondant blanc）一般在市面上不易購得，只有在專業糕點店才買得到，而且得大量購買，所以我在配方裡省去不易取得的材料，以隨手可得的糖粉取代。

我還記得二十出頭，在南台灣墾丁有名的五星級飯店上班時，大廳酒吧吧檯旁的蛋糕櫃裡總是擺滿各式歐式蛋糕，而其中我最喜歡的就是香草千層派。第一次嘗過它的滋味後，每星期至少都會買兩回獎賞自己的胃，是我吃過最好吃的千層派！這美味的記憶深植在我腦海裡，無法忘懷。因此，每當我在製作千層派時，總會帶著記憶中第一次吃千層派的幸福感覺用心製作，希望吃到的人也能有相同的感受。

材料

- 香草奶黃餡 ・500g 牛奶
- 100g 細砂糖 ・2 顆蛋黃
- 60g 玉米粉（或卡士達粉）
- 1 根香草夾
- 三張派皮

（請參考「3-6 派皮」作法）

- 少許糖粉（裝飾用）

份　　量：6 人份
難 易 度：★★★
烤箱溫度：240℃
烘烤時間：15 分鐘

作法〔香草奶黃餡部分〕

1　鋼鍋裡放入蛋黃、細砂糖混合均勻。

2　加入玉米粉。

3　加入少許牛奶。

4　混合均勻備用。

5　香草夾用刀子對切開，刮起香草籽備用。

6　牛奶放入深鍋以中火加熱，再放入香草煮滾後離火。

7　香草牛奶過篩倒入放有蛋黃粉糊的鋼鍋中。

8　與蛋黃奶糊混合至細砂糖完全融化。

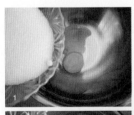

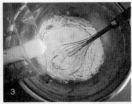

9　再倒回深鍋。

10　用中火邊加熱邊用打蛋器不停攪拌。

11　直到香草麵糊收汁變稠。

12　離火放涼冷藏備用。

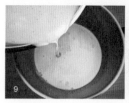

作法〔派皮部分〕

1　桌面撒上少許麵粉，三張派皮　成長方形。

2　放在鋪好烘焙紙的烤盤上用叉子均勻叉上幾個洞（圖 2 ～ 2-2）。

3　分兩次放入 240℃ 預熱好的烤箱烘烤 15 分鐘。

4　移出烤箱放涼備用。

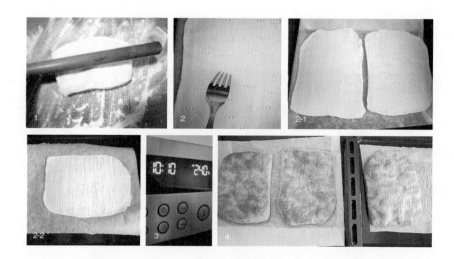

作法〔組合〕

1 工作檯上放上一大張保鮮膜，再放一張烤好
   的派皮作底，均勻塗上一層放涼冷卻的香草
   奶黃餡。

2 再鋪上一張派皮。

3 再均勻塗上香草奶黃餡。

4 放上最後一張派皮。

5 用保鮮膜包起來或直接蓋上
   放入冷凍庫冷凍 2～3 小時。

Finish ▶▶▶

6 拿出冷凍後，用刀切掉外圍四方多餘的派皮，再將千層派切成
   想要的大小（圖 6、6-1）。

7 用網篩在派皮上方篩上糖粉裝飾，即可裝盤食用。

小叮嚀

1 千層派冷凍過比較好切塊，切塊後的外型比較完整。放冷藏後切塊，派皮易碎，內餡也容易變形，
   影響外型美觀。

2 傳統法式千層派以香草奶黃餡加入 60g 無鹽奶油和 40g 糖粉攪打混合成香草奶油餡，這裡的配
   方嘗起來較清爽低脂。也可在夾層部分鋪上奶黃餡後，再鋪上少許草莓丁、奇異果丁等，做出
   不同口味的千層派。

6-15   *Mille feuilles à la vanille*

6-16

法蘭酥

Palmiers sucrés

Palmier 法文字意是棕櫚，而甜點的外型近似棕櫚葉，便以此命名。法蘭酥的作法一點也不花俏，只是簡單地利用奶油和麵粉做成酥派皮，加上細砂糖製作而成。外型摺捲成蝸牛的形狀，中間塗上蛋汁，讓兩片分開的派皮能夠黏合在一起，經過高溫烘烤，派皮中的奶油和砂糖融合在一起，形成略帶焦糖味的派餅，香酥爽口，甜而不膩。

以下配方的材料混了兩種砂糖，主要是不讓法蘭酥在烘烤時太容易上色。如果單用黃砂糖，派皮還未完全熟透，顏色已太深，影響美感和口感。若不小心將酥皮烤太焦，這裡教大家一個掩飾缺點的小撇步，待法蘭酥完全冷卻後再撒上或沾上少許糖粉，就可以掩蓋住焦黑部分。不過，沾了糖粉的法蘭酥，會比正常配方來得甜些。

份　　量：約 10 個
難 易 度：★ ☆ ☆
烤箱溫度：240℃
烘烤時間：12~15 分鐘

材料

• 一張生派皮（請參考「3-6 派皮」作法）
• 20g 細砂糖
• 10g 黃細砂糖
• 1 顆蛋黃＋幾滴水

作法

1　兩種砂糖混合備用。

2　準備好一張派皮。

3　工作檯撒點麵粉，將派皮擀成長方形。

4　轉過派皮呈橫長條狀，輕刷上少許蛋黃水。

5　在派皮上均勻撒上混好的細砂糖。

6　派皮兩邊從外往內，將派皮滾摺至中央。

7　在中間刷上蛋黃水，稍微輕壓一下中央使派皮緊貼。

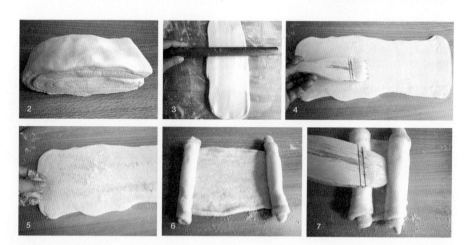

8 包上烘焙紙放進冷凍庫冰鎮 20 分鐘。

9 拿出冷凍後，切掉糖派皮兩邊，切成約一公分厚。

10 烤盤鋪上烘焙紙。

11 糖派皮四方沾上剩餘的細砂糖，間隔擺放整齊。

12 放入 240℃預熱好 10 分鐘的烤箱烤 12 ～ 15 分鐘。

13 當派皮烤 10 分鐘，翻面繼續烘烤著色，移出烤箱。

14 放涼即可食用。

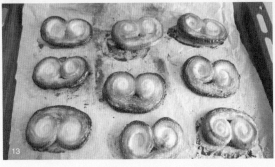

Finish ▶▶▶

 *Palmiers sucrés*

小叮嚀

法蘭酥生派皮一定要放冰箱冷凍才比較容易切得整齊美麗,但別凍過頭就不好切了。

若是冰太硬,可放常溫退凍幾分鐘再切,切刀越銳利,切的形狀越好。

6-17

剛果椰子球

Congolais ou Rochers coco

主要材料是椰子絲，混入糖和麵粉、全蛋製成小巧可愛的甜點，嘗起來內軟帶黏外酥香。作法是用咖啡匙中心舀起混合好的材料，再用大拇指的力道壓擠，成為一座岩石般小山，再用手指整型成尖三角狀。小圓形的底座約五元硬幣大小，高約兩公分，非常適合當自助式午茶餐會的甜點。如果家中有小朋友，可以一起製作這道小甜點，製作過程簡單不複雜，只要將材料拌一拌、攪一攪，相信小朋友一定會喜歡。

這道甜點有許多不同的製作配方，法蘭西斯老師教的是以全蛋而非蛋白的方式製作，吃起來口感不會太乾，味道也較柔和。烘烤後放涼，再放入鐵製容器擺在陰涼處，可保存一～二星期。

份　　量：約 45 顆	
難 易 度：★ ☆ ☆	
烤箱溫度：175℃	
烘烤時間：15 分鐘	

材料

- 130g 細砂糖
- 170g 椰子絲粉
- 15g 低筋麵粉
- 2 顆全蛋

作法

1　鋼鍋裡放入椰子絲。

2　加入細砂糖混合均勻。

3　加入 2 顆全蛋混合均勻。

4　加入麵粉

5　混合拌勻。

6　用小茶匙挖一匙用大拇指
　　緊壓一下。

7　用手調整成小三角狀。

8　放在鋪好烘焙紙的烤盤上。

9　放入 175℃預熱好 10 分鐘的烤箱烤 15 分鐘。

10　移出烤箱放涼。

11　完全冷卻後即可食用，或放入鐵盒中密封可保存 1~2 個星期。

Congolais ou Rochers coco

小叮嚀

台灣氣候比較炎熱，濕氣也重，若椰子球變軟不再鬆脆時，可放烤箱烘烤10分鐘，
水分烘乾移出烤箱放涼，吃起來就像剛烤出來的感覺。

6-18

熔岩巧克力蛋糕

Fondant au chocolat

原始配方由法國廚師米歇 · 布哈（Michel Bras）在 1981 年所發明。以巧克力為主材料，再加入基本蛋糕材料混合製成。以高溫烘烤，外層蛋糕鬆軟，內餡流出熔岩般的黑巧克力，有如火山爆發後順勢流下來的滾燙熔岩，深受許多巧克力愛好者喜愛，我也非常喜歡這道巧克力甜點。這甜點裡的麵粉含量不多，使得蛋糕不夠緊實，也就形成了流動狀的巧克力熔岩，若是烘烤太久，這熔岩般的巧克力可是會乾枯成一般的巧克力蛋糕喔。

材料

- 125g 黑巧克力
- 125g 無鹽奶油
- 4 顆全蛋
- 30g 細砂糖
- 30g 低筋麵粉
- 少許覆盆子果醬汁
（裝飾淋醬用）

份　　量：4~5 人份
難 易 度：★ ★ ☆
烤箱溫度：180℃
烘烤時間：12 分鐘

作法

1　烤模塗上少許奶油。

2　撒上少許麵粉轉一圈，去掉多餘麵粉。

3　烤模上覆蓋上一層薄麵粉，備用。

4　黑巧克力扳成小塊放入鋼鍋中。

5　加入無鹽奶油。

6　隔水融化後離火放涼備用。

7　4 顆蛋加入糖。

8　用打蛋器混合均勻備用。

9　在蛋糊裡加入過篩後的麵粉。

10　攪拌均勻。

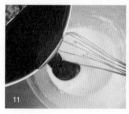 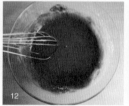  

11　加入融化後的黑巧克力奶油。

12　混合均勻。

13　倒入巧克力麵糊至塗好奶油、鋪上麵粉的烤模中。

14　放入 180℃預熱好 10 分鐘的烤箱烘烤 12 分鐘。

15　移出烤箱放置 5 分鐘，讓蛋糕外環表皮稍微冷卻變硬。

16　蛋糕烤具放在盤子上。

17　再放另一個盤子在烤具上。

18　小心地快速翻成正面。

19　左右搖晃一下，倒扣脫模。

20　食用前撒上少許糖粉，淋上少許英式香草奶黃淋醬或覆盆子醬汁一起食用。

小叮嚀

1　每個人家裡的烤箱溫度和使用模具都不同，請斟酌延長或縮短烘烤時間。

2　移出烤箱前的蛋糕模樣是外圍已烤熟，中間還稍帶流動液狀，若烘烤時間過長，中間的內餡就比較乾，不容易流出液狀巧克力糊。

3　塗烤具時奶油可以多塗一些，再撒上麵粉繞轉一圈去掉多餘麵粉，比較容易脫模。

4　覆盆子醬汁可以買現成的或用一湯匙覆盆子果醬，或其他口味的果醬加上一湯匙水混合均勻即可。

6-19
杏桃塔
Tarte aux abricots

杏桃塔是由新鮮杏桃去籽後混入蛋黃、糖、鮮奶油和杏仁粉,在烤好的派皮上鋪上新鮮杏桃的水果塔。杏桃屬薔薇科梅屬植物,樹叢雖矮小但結果纍纍,每年夏季歐洲各國約收穫 51 萬噸杏桃,光是法國每年夏季就出產約 16 萬噸之多,是歐洲國家生產杏桃的第二大國。

夏季是杏桃盛產的季節,法國婦女總會在它多產價格便宜的時候,將它製作成杏桃果醬或杏桃塔。而市面上也能見到杏桃乾,適合作為糕點、餅乾的佐料,如亞爾薩斯奶油圓麵包的材料配方就用到杏桃乾。

杏桃塔口感清爽,若生食杏桃較甜,烹煮或烘烤後略酸,略酸的杏桃配上香甜奶油蛋糖內餡,融合出一種非常平衡的口感,冰涼後食用是炎熱夏季的最佳夏日糕點。在台灣若找不到杏桃,可用桃子罐頭裡的糖水桃子去水濾乾後再以同樣的配方材料製作,味道上會有些許不同,但冰涼後享用仍是一樣美味。

份　　量：8 人份
難 易 度：★ ★ ☆
烤箱溫度：200℃
烘烤時間：40~45 分鐘

材料

- 500g 杏桃（約 15～17 顆）　• 250g 牛奶
- 20g 鮮奶油　• 100g 細砂糖　• 30g 玉米粉（或卡士達粉）　• 2 包香草糖粉（或一茶匙香草精）
- 2 顆蛋黃　• 2 包鏡面膠粉　• 60g 細砂糖　• 200g 水　• 一張派皮（請參考「3-6 派皮」作法）

作法

1　派皮放入鋪好烘焙紙的烤模中。
2　再鋪上一張烘焙紙。
3　平鋪上黃豆或糕點專用烘焙石。
4　放入 200℃預熱好 10 分鐘的烤箱烘烤 20 分鐘。
5　烤好的派皮移出烤箱，拿開烘焙紙和黃豆放涼備用。
6　將杏桃洗淨濾乾，用乾布擦乾水分。
7　將杏桃對切，去籽備用（圖 7、7-1）。

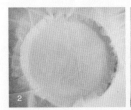

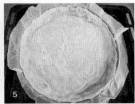

8 牛奶放入深鍋中預熱。

9 鋼鍋裡放入兩顆蛋黃。

10 加入細砂糖、玉米粉、香草糖粉、新鮮奶油。

11 加入一半預熱好的牛奶混合均勻。

12 倒入全部的牛奶混合均勻。

13 再倒回深鍋。

14 繼續加熱至濃稠但還流動的程度。

15 離火放置備用。

16 將去籽的杏桃平均鋪在派皮上。

17 再倒入混合好的奶黃糊。

18 平鋪均勻。

19 再放入 200℃預熱好的烤箱烘烤 20～25 分鐘。

20 移出烤箱放涼。

21 深鍋裡放入水、細砂糖。

22 放入靜面膠粉混合均勻。

23 邊攪拌至煮滾。

24 離火放至微溫。

25 倒在杏桃塔上。

26 用蛋糕刷子刷均勻整個塔面。

27 放置冷藏，冰涼後即可食用。

小叮嚀

1 若找不到鮮奶油，可用液態鮮奶油或全脂鮮奶代替。

2 若喜歡帶杏仁口味的杏桃塔，可在奶黃糊裡加入 60g 杏仁粉
　混合即可。

3 鏡面膠粉的用途非常多，加水融化和細砂糖混合煮沸後放涼，
　可用在草莓塔、檸檬塔、杏桃塔等新鮮水果塔的裝飾鏡面，
　使得水果塔的外觀更討喜。

Finish ▶▶▶

6-19 ◆ *Tarte aux abricots*

西洋梨切丁混合慕斯狀的內餡，外圍包著一圈手指餅乾，是法國最具代表性的特色糕點之一。口感類似慕斯又像布丁，不甜不膩，很適合炎熱夏季冰涼後食用。

台灣現今很容易找到各國進口食品，不論是新鮮西洋梨還是罐裝西洋梨都能買到，喜歡用新鮮西洋梨製作，可以將西洋梨去皮後泡在以半顆檸檬、300g 細砂糖、1250g 水熬煮好放涼冷卻的糖水裡，再將去皮的西洋梨泡入糖水中浸泡一個晚上即可；若不喜歡太麻煩，用罐裝西洋梨也很方便。

除了西洋梨，也可改用草莓、覆盆子，或是台灣盛產的芒果等口味，切成丁狀混入內餡或打成果汁過篩後，留下果汁與牛奶糊一起煮過，再混入泡發後的吉力丁片和發泡鮮奶油，再混入草莓水果丁或整顆新鮮或冷凍覆盆子，就是其他口味的夏洛特了。

份　　量：6 人份
難 易 度：★★★

材料

- 200g 牛奶 　• 100g 西洋梨糖水 　• 3 片罐頭西洋梨 　• 4 顆蛋黃 　• 70g 細砂糖 　• 20g 香草粉或 5g 香草精
- 6 張吉利丁片 　• 200g 液態鮮奶油 　• 30g 糖粉 　• 24 根手指餅乾（請參考「3-7 手指餅乾」作法）
- 1 張 1 公分厚的圓形戚風蛋糕（請參考「3-4 法式戚風蛋糕」作法）

作法

1 碗裡加水將吉力丁片一片一片浸濕泡發。

2 蛋白和蛋黃分開備用。

3 三片西洋梨放在砧板上。

4 用刀子切成小丁備用。

5 深鍋裡放入牛奶和 100g 西洋梨糖水以中火預熱。

6 鋼鍋裡放入 4 顆蛋黃，加入 70g 細砂糖、香草精攪拌混合。

7 加入一半預熱中的牛奶西洋梨糖水混合均勻。

8 再倒回深鍋中煮至濃稠後，馬上離火並攪拌均勻。

9 泡發後的吉力丁片，用手抓一下去掉多餘水分。

10 放入牛奶糊中混合均勻。

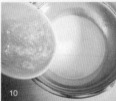

11　放涼備用（可用冰水隔水泡涼）。

12　在可脫底盤的圓形烤模中放入戚風蛋糕。

13　準備一大碗罐頭梨子汁，用蛋糕刷塗上少許梨子汁。

14　手指餅乾沾上少許梨子汁。

15　沿著蛋糕邊緣擺滿。

16　液態鮮奶油加入 30g 糖粉用電動攪拌器打發。

17　放涼後的牛奶糊拌入打發後的發泡鮮奶油混合均勻。

18　加入切丁後的西洋梨拌勻。

19　倒入準備好放有手指餅乾的模具中，將奶糊表面抹平。

20　放冷藏6小時，上桌前裝飾上切細片的西洋梨，用瓦斯噴槍噴上色後再裝飾在中央，
　　即可上桌享用。

Finish ▶▶▶

Charlotte aux poires

小叮嚀

1 混好吉利丁的牛奶糊最好還帶稠狀，再混入打發後的發泡鮮奶油，在成品呈現上比較好。

2 若想口味上清淡低膽固醇一些，可將液態鮮奶油的部分換成 3 顆蛋白，加糖粉打發成硬性
 發泡後，和牛奶糊一起混合均勻即可。

3 食用時可配上覆盆子淋醬或英式香草奶黃淋醬一起食用，帶點酸味的覆盆子淋醬搭配西洋
 梨夏洛特食用，味道較不單調也較爽口。

Part 7

法國巧克力甜點

分享 7 道簡單易做的知名巧克力點心。

巧克力在法國很受歡迎，常拿來當午茶小點配咖啡或茶。

自己親手做天然無添加物的巧克力甜點送給親朋好友，

相信會是最受歡迎的貼心禮物！

7-1
松露巧克力
Truffes au chocolat

黑　巧克力加上液態鮮奶油混合製成，外層包裹
　　上一層薄脆的黑巧克力再沾上可可粉，外型
類似法國頂級食材松露，因而得名。由出身法國
中部尚貝里（Chambéry）的糕點師路易·杜福爾
（Louis Dufour）在 1895 年所發明。

　　每年耶誕節前夕，大型超市便會擺滿各式各樣的
巧克力禮盒，松露巧克力就是耶誕節很受歡迎的伴手
禮。記得第一次吃到松露巧克力，是剛來法國西部洛里
昂定居上初級法文課，學期結束前的結業餐會，當時有位外國同學帶了一盒松露巧克力
與大家分享。我嘗試地吃了一顆，當它直接融化在口裡散發出濃郁的巧克力香，一邊配
著咖啡的苦澀，香醇與苦甜融合在口中，巧妙地達成平衡，那股滋味令人難以忘懷。法
國人愛吃巧克力舉世聞名，但對從小就很少吃巧克力的我來說，真是難得的記憶。如今，
我也像法國人一樣深深愛上巧克力。

材料

* 200g 黑巧克力
* 120g 液態鮮奶油
* 100g 黑巧克力
* 20g 糖粉
* 50g 可可粉

份　　量：30 顆
難 易 度：★ ★ ☆

作法

1　可可粉和糖粉混合備用。

2　200g 黑巧克力扳成小塊備用。

3　深鍋裡放入液態鮮奶油加熱至沸騰離火。

4　加入扳成小塊的黑巧克力混合均勻成液狀。

5　放涼冷卻變微硬（圖 5、5-1）。

6　烤盤鋪好烘焙紙。

7　巧克力裝入擠花袋擠在鋪好烘焙紙的烤盤中。

8　擠成小花狀，放冷藏變硬。

9　100g 黑巧克力扳成小塊。

10　隔水加熱融化放涼冷卻。

11　用叉子舀起變硬的擠花巧克力，放入放涼冷卻的黑巧克醬中滾上巧克力（圖 11、11-1）。

12　再放入混好的可可糖粉中，沾滿可可糖粉成圓形。

13　放在鋪好烘焙紙的烤盤中，靜置至巧克力完全變硬即可裝盤食用。

小叮嚀

1　巧克力的冷卻溫度約 30℃，為讓它更快冷卻，可放冷藏約半小時再拿出
　　來整型，不然會太軟不易定形。

2　若覺得使用擠花袋麻煩，可用茶匙舀起冰涼變硬的巧克力，用手稍加滾
　　圓沾上粉裝飾，裝入小盒子送禮自用兩相宜。

Truffes au chocolat

7-2
巧克力杏仁脆餅
Florentins

烘烤過的香酥杏仁片，伴入蜂蜜糖漿和糖漬水
果，並在底部裹上融化後的黑巧克力。這道
香酥杏仁片和糖漬水果製成的巧克力點心，非常適
合配上一杯綠茶，一口香甜酥脆的巧克力杏仁餅，
飲上一口未加糖的苦味綠茶，就是兼具平衡感和多
層次的味覺享受。

　　有個暑假，兒子小米找一天去拜訪幼稚園時期的同學路易
松，他的父母在海濱開了一家露天咖啡酒吧。我當時做了巧克力
杏仁脆餅當伴手禮，沒想到意外地大受歡迎。路易松的媽媽直說巧克力杏仁脆餅不甜不
膩很到味，好吃極了！所以拜訪親友時，親手做幾個巧克力杏仁脆餅放在包裝紙盒裡當
伴手禮，是很不錯的點子喔。

材料

- 150g 杏仁片
- 40g 細砂糖
- 20g 蜂蜜
- 80g 糖漬水果乾（或糖漬橘子皮）
- 20g 液狀鮮奶油
- 100g 黑巧克力磚（或白巧克力）

份　　量：約 10 個	
難 易 度：★ ★ ☆	
烤箱溫度：180 ℃	
烘烤時間：約 23 分鐘	

作法

1　鋪好烘培紙的烤盤均勻鋪上杏仁片。

2　烤箱以 180℃預熱 10 分鐘，將鋪在烤盤上的杏仁片送進烤箱烘烤約
　　7 ～ 8 分鐘至著上金黃色，移出烤箱放涼後裝在大碗裡備用。

3　糖漬水果乾或糖漬橘子皮切成小塊與杏仁片放一起備用。

4　深鍋中放入細砂糖、蜂蜜。

5　加入液狀鮮奶油用中火煮沸。

6　左右搖晃深鍋使其混合，不要攪拌，等糖水變濃稠。

7　拌入杏仁片和糖漬水果乾。

8　攪拌均勻但勿太用力，以免杏仁片破碎。

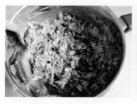

9　離火。

10　趁熱將杏仁糖餡放入塑膠烤模約 0.5 公分厚，用湯匙稍壓平整型。

11　放入 180℃預熱 10 分鐘的烤箱烘烤 15 分鐘。

12　移出烤箱放涼，變硬後脫模。

13　黑巧克力磚扳成小塊狀，放入鋼鍋。

14　隔水融化，離火後放至微溫。

15　舀一湯匙黑巧克力放入模具中，用湯匙背撫平巧克力。

16　放入變硬的杏仁乾果糖片，稍微壓一下，與巧克力黏貼緊實。

17　靜置放涼至巧克力完全變硬。

18　脫模即可食用。

7-2 *Florentins*

小叮嚀

1 步驟 5 拌入杏仁片和糖漬水果時稍微攪拌就好，切勿太用力，否則會攪碎杏仁片影響外型。

2 利用塑膠模具製作，脫模時較好脫模。若想讓巧克力的凝結硬一些，可放冷藏一個小時再脫模。
   巧克力不夠硬，無法成型也不容易脫模。

3 巧克力杏仁脆餅可裝入鐵盒放在乾燥陰涼的地方，可保存好幾天甚至一星期。

7-3
乾果巧克力
Mendiants

黑 巧克力磚隔水融化後加入各式乾果製作而成。
以不同形狀的模型塑造成各種乾果巧克力,除了
可在巧克力的表層擺上榛果、綠色去皮開心果、杏仁等各式乾
果,也可擺上各種水果乾,如切絲的糖漬香橙乾、檸檬乾、切丁的杏桃乾、
糖漬紅或綠櫻桃等作變換。還可用牛奶巧克力和白色巧克力做出不同顏色的綜合乾果巧
克力,在節慶訪親或是平時拜訪友人時,帶上自己用心製作包裝得體的愛心巧克力送給
親友,相信對喜歡吃巧克力的人來說,會是一份特別貼心的小禮物。

份　　量:約20個	
難易度:★☆☆	
烤箱溫度:180℃	
烘烤時間:約8分鐘	

材料
- 150g 整顆榛果
- 50g 去皮開心果
- 30g 金色葡萄乾
- 250g 黑巧克力磚

作法

1　烤盤上鋪好烘培紙，放入榛果、去皮開心果。

2　放入 180℃ 預熱好的烤箱烤約 8 分鐘離火放涼。

3　準備塑膠模型杯。

4　黑巧克力磚扳成小塊放入鋼鍋。

5　以中火隔水融化。

6　邊隔水加熱邊攪拌巧克力，至完全融化後離火
　　（圖 6、6-1）。

7　放涼的乾果和金色葡萄乾放在盤子裡。

8　用湯匙舀半湯匙融化巧克力放入模具中。

9　用湯匙將巧克力平鋪均勻。

10　在巧克力的表面上，放入各式乾果和金色葡萄乾裝飾。

11　等待巧克力完全凝固。

12　即可脫模裝盤享用。

Finish ▶▶▶

Mendiants

小叮嚀

1 若喜歡乾果巧克力嘗起來略帶酒香，可以將葡萄乾泡入兩湯匙蘭姆酒，泡發入味約一小時，濾掉酒後將浸泡過葡萄乾的蘭姆酒倒入融化巧克力中攪拌混合均勻，這樣巧克力吃起來就略帶蘭姆酒香。

2 也可在步驟 6 時混入 20g 無鹽奶油混合均勻，吃起來口感較柔軟，但保存期效較短，台灣天氣炎熱，加入奶油的巧克力很容易軟化，外觀也較不美觀。

7-4
栗子巧克力球
Bouchées aux marrons et chocolats

法國秋天的時候，經常可以在郊區的森林撿
到一堆掉滿地的新鮮栗子。法國人有時拿
來放在燒木材的暖爐裡烘烤栗子，也有人拿來與
豬脊肉一起烘烤或燉煮。我去年秋天在每週一例
行的健行日，在原始森林就撿了一堆新鮮栗子。
回到家望著成堆的栗子，努力想著如何將這些新鮮
栗子變成美味的食物或糕點。

栗子除了能做料理，也可變成糕點的主要材料。前年的
耶誕節我做了栗子慕斯木柴蛋糕，去年則做了鮮奶油栗子蛋
糕，然後有天靈機一動，心想：何不把栗子做成簡單的栗子巧克力球呢？外子老米不喜
歡吃栗子，兒子小米和我都喜歡吃，每次都得花點心思製作適合我倆口味的栗子糕點，
經過幾番研究後，終於找到我倆最愛吃的製作配方，就是帶有淡淡蘭姆酒香的巧克力栗
子球！

份　量：約 35~40 顆
難易度：★ ★ ☆

材料

- 125g 無鹽奶油　• 350g 罐頭水浸栗子（或水煮去皮的新鮮栗子）　• 80g 糖粉
- 200g 黑巧克力磚　• 少許香草糖粉（或香草精）　• 2 湯匙蘭姆酒或白蘭地

作法

1　無鹽奶油放室溫軟化備用。

2　栗子過熱水泡一下。

3　濾乾水分。

4　濾乾後的栗子用食物處理機磨碎，再用湯匙背面壓成泥備
　　用（圖 4、4-1）。

5　鋼鍋中放入軟化奶油，用木棒或打蛋器攪拌均勻。

6　加入糖粉繼續攪拌均勻。

7　將栗子餡伴入奶油糖餡中拌合。

8　再加入香草糖粉（香草精）、兩湯匙蘭姆酒（或白蘭地）
　　混合均勻。

9　平底烤盤裡鋪上烘培紙。

10 栗子奶餡以 2 公分厚平鋪在烘培紙上。

11 四邊的烘焙紙對摺蓋好，放冷藏約 2 小時。

12 拿出冷藏後切成小方塊（圖 12、12-1）。

13 手沾點水，將每一小塊的栗子奶餡滾成像湯圓
般的大小，再放入冰箱冷藏約一小時備用。

14 黑巧克力磚扳成小塊放入鋼鍋。

15 隔水融化後放涼至巧克力完全冷卻。

16 放一顆栗子奶餡在融化的巧克力中。

17 用叉子翻滾至栗子奶餡完全包住巧克力。

18 舀起放在鋪好烘培紙的烤盤上，靜置到巧克力完全變硬即可食用。

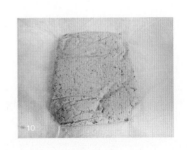

Finish ▶▶▶

7-4 *Bouchées aux marrons et chocolats*

小叮嚀

1　用手滾圓栗子球前，手先沾點水再滾圓，比較不黏手且外形較圓滑。

2　用叉子滾上巧克力醬，先讓巧克力醬稍微滴一下再放到烘培紙上，外型較為美觀。

7-5

黑巧克力慕斯杯
Mousse au chocolat

起源於 19 世紀初，法國印象派畫家羅特列克（Henri de Toulouse-Lautrec）最初曾稱這道甜點為巧克力醬（Mayonnaise au Chocolat）。傳統法國餐廳裡，巧克力慕斯杯是代表甜點。綿密細緻的蛋白泡沫，揉合著黑巧克力苦味，苦中帶甜很令人回味。

　　以下配方是以發泡蛋白的泡沫加上融化巧克力製作而成，比較近似慕斯的口感。它有好幾種配方和作法，這裡教大家最簡單的方式，也是我婆婆每週末做給家人吃的配方。外子吃了快 20 年，現在看到黑巧克力慕斯都會搖頭說：「饒了我吧！」但兒子卻直點頭說：「要！我要吃。」這道好吃的巧克力慕斯杯老少咸宜，飯後來一杯作為一餐的結尾，一定會大大滿足。

材料

- 125g 黑巧克力
- 40g 無鹽奶油
- 3 顆全蛋
- 2 顆蛋白
- 50 g 細砂糖
- 少許黑巧克力米

份　　量：4～6 人份
難 易 度：★ ★ ☆

作法

1　平底鍋放三分之一的水預熱。

2　蛋白和蛋黃分開備用。

3　鋼鍋裡將黑巧克力扳成小塊，加入切成小塊的無鹽奶油。

4　黑巧克力和無鹽奶油隔水融化（水溫約 50℃）。

5　巧克力、奶油融化後離火放至工作檯。

6　加入 3 顆蛋黃攪拌均勻，放至微溫備用。

7　5 顆蛋白打至軟性發泡，加入細砂糖繼續打發至硬性發泡（圖 7-1、7-2）。

8 少許蛋白混入黑巧克醬中。

9 小心地以順時針方向由下往上混合。

10 再將混好的巧克力蛋白糊倒入剩下的蛋白糊裡。

11 以同樣方式混合均勻。

12 混合好的巧克力蛋白糊裝入高腳杯至八分滿,用湯匙抹平表面或裝入擠花袋擠
   入杯中(圖 12-1、12-2)。

13 放冰箱冷藏一小時。

14 拿一小塊黑巧克力磚,用銼絲板銼出碎巧克力。

15 冰涼後,上桌前撒上巧克力碎及柳丁片裝飾(圖 15-1、15-2)即可食用。

Finish ▶▶▶

小叮嚀

1 蛋白發泡的軟性發泡是攪打後將攪拌器拿起來倒放,蛋糕尖端垂下是軟性發泡,不會垂下是硬性發泡。

2 巧克力已有甜味,上述配方減少糖的份量。法式配方至少加 100g 以上的糖,對亞洲人來說太甜了。

3 想知道巧克力到底放涼到什麼程度,可以用手摸一下鋼鍋,以不燙手微溫就可以拌入一半發泡蛋白混
   合。請注意混合時別太用力攪拌!

4 大杯子可以裝四杯,小杯子可以裝八杯。請自行斟酌多寡,因為巧克力慕斯吃多了也會膩口。

7·5 Mousse au chocolat

三色巧克力慕斯
Mousse aux Trois Chocolats

夾心餅乾蛋糕作底，以黑、白、牛奶三種口味的巧克力依序鋪成有層次的巧克力慕斯。作法和巧克力慕斯杯有些許不同，程序較繁雜費時。先分別將三種口味的巧克力隔水融化，依序混入混好蛋黃和泡發的吉利丁片，拌入液態鮮奶油，再和發泡蛋白混合製作而成。接著依序鋪上黑、白、牛奶三層巧克力慕斯，外型有著顏色鮮明的層次感。

這種法式三色巧克力慕斯很受嗜吃巧克力的法國人喜愛，若有特殊節日或受邀作客時；送禮的第一選擇就是巧克力禮盒，而這道三色巧克力慕斯也必定是法國餐桌上最受歡迎的甜點之一。

材料

- 100g 黑巧克力
- 100g 白巧克力
- 100g 牛奶巧克力
- 3 顆全蛋 • 2 顆蛋白
- 6 張吉利丁片
- 250g 液態鮮奶油
- 少許可可粉
- 一張烘烤好的夾心餅乾蛋糕鋪底（請參考「3-5 夾心餅乾蛋糕」作法）

份　　量：6~8 人份
難 易 度：★★★

作法

1　蛋白和蛋黃分開。

2　吉利丁片浸在水裡泡發。

3　濾乾水分備用。

4　深鍋裡放入液態鮮奶油用中火預熱。

5　加入蛋黃用打蛋器混合均勻。

6　液態鮮奶油快滾沸時，加入泡發濾乾水分的吉利丁。

7　攪拌混合均勻，離火放涼冷卻備用。（可隔冷水冷卻）

8　黑巧克力扳成小塊。

9　隔水加熱到融化，放至微溫備用。

10　白巧克力扳成小塊。

11　隔水加熱到融化，放至微溫備用。

12　牛奶巧克力扳成小塊。

13　隔水加熱到融化，放至微溫備用。

14　慕斯模放在夾心餅乾上壓一下成型，或用刀子照底模的大小切成需要的大小（圖 14、14-1）。

15　放在鋪好烘焙紙的上方備用。

16　微溫的黑巧克力混入三分之一混好吉利丁的液態鮮奶油。

17　混合攪拌均勻備用。

18　5 顆蛋白中的三分之一蛋白打成硬性發泡。

19　發泡蛋白加入混好吉利丁的液態鮮奶油黑巧克醬中，小心地以順時針方向由下往上混合均勻。

20　倒入鋪好夾心餅乾的慕斯模約三分之一。

21　用咖啡匙壓平整，放入冷凍庫冰 10 分鐘。

22　微溫的白巧克力混入二分之一混好吉利丁的液態鮮奶油，混合攪拌均勻備用。

23　二分之一的蛋白打至硬性發泡。

24　發泡蛋白混入混好吉利丁的液態鮮奶油白巧克力醬中，小心地以順時針方向由下往上混合均勻。

25　拿出冷凍庫中冰鎮好的黑巧克力慕斯，把混好的白巧克力慕斯倒入慕斯模中三分二滿。

26　用咖啡匙壓平整，再放入冷凍庫冰 10 分鐘。

27　微溫的牛奶巧克力混入剩下的吉利丁的液態鮮奶油，混合攪拌均勻備用。

28　剩下的蛋白打至硬性發泡。

29　發泡蛋白混入牛奶巧克力醬中，小心地以順時針方向由下往上混合。

30　拿出冰鎮好的白巧克力慕斯，把混好的牛奶巧克力慕斯倒入慕斯模至快滿。

31　用咖啡匙壓平整。

32　放入冷藏一個晚上。

33　食用前脫模，先將慕斯模倒過來，輕推一下蛋糕底部，再用手往上推出巧克力慕斯（圖 33、
　　33-1）。

34　在三色巧克力慕斯上方撒少許可可粉即可食用。

7-6 · *Mousse aux Trois Chocolats*

小叮嚀

1　蛋白要分三次打發，可在蛋白和蛋黃分開後將蛋白分成三等份備用。若一次打發發泡蛋白，在等待慕斯放入冷凍庫凝結成型需要一段時間，此時蛋白在等待期間會自然消泡成液狀，混起來的巧克力慕斯不僅影響口感，也較不容易成型。

2　一定要等每層慕斯硬結後再倒入下一層液態慕斯，不然慕斯會混在一起，無法層次分明。

3　每鋪一層巧克力，用湯匙背部稍加抹平一下，若是沒有慕斯模，也可放在圓柱型透明容器裡，可看清楚三層慕斯的顏色，玻璃製或塑膠製皆可。

4　也可用巧克力慕斯杯的配方製作三色巧克力慕斯，但每一層的慕斯必須在冷藏或冷凍變硬後（約1 小時）再行製作另一層顏色的慕斯，使其變成三層不同顏色的慕斯，這種作法口味比較傳統，也較費時間。

7-7

巧克力舒芙蕾
Soufflé au chocolat noir

麵粉、糖加上發泡蛋白,再以高溫烘烤的熱食糕點。這道甜點的特色是一定要在出爐後趁熱品嘗,若放涼後再吃,膨脹的蛋糕體會崩塌,失去海綿般的細緻口感。

　　它可以變化出不同口味,較受歡迎的有巧克力、橙香酒和原味,還有檸檬、草莓、覆盆子、咖啡風味。如果在家裡宴客,準備這道甜點時,不但要掌握住恰好的上桌時間,品嘗時,口感得柔軟綿細恰到好處。所以,宴客時招待這道甜點真的是很高難度的挑戰,除非客人願意等著吃香綿現烤熱呼呼的舒芙蕾,要不然還是建議讀者隨做隨吃,不要刻意在宴客時大費周章準備這道熱甜點,到時不但沒盡到待客之道,還忙得手忙腳亂。

份　　量:4~6人份	
難 易 度:★★☆	
烤箱溫度:200℃	
烘烤時間:20分鐘	

材料
* 10g 無鹽奶油
* 20g 細砂糖　• 250g 全脂牛奶
* 100g 黑巧克力　• 30g 低筋麵粉
* 4 顆全蛋　• 少許糖粉
* 少許細砂糖(沾烤具用)

作法

1　黑巧克力扳成小塊。

2　隔水融化放涼備用。

3　烤具上方和內部均勻塗上奶油。

4　撒上細砂糖。

5　以順時針方向轉一圈使砂糖均勻
　　覆蓋在烤具上，再拍掉多餘的糖。

6　蛋白與蛋黃分開備用。

7　鮮奶倒入深鍋裡預熱。

8　鋼鍋裡放入蛋黃和一半的糖混合
　　打發至發白。

9　加入麵粉混合均勻。

10　加入融化的黑巧克力。

11　再倒入預熱的牛奶混合均勻。

12　把混好的蛋麵糊倒回深鍋。

13　一邊攪拌一邊加熱至沸騰。

14　馬上離火並攪拌均勻，放涼。

15　4顆蛋白用電動攪拌器打發至軟性發泡後加入剩餘的細砂糖。

16　繼續打發至硬性發泡。

17　先舀一半蛋白與巧克力蛋黃醬混合均勻。

18　再將巧克力糊倒入蛋白糊內。

19　以順時針方向由下往上輕輕攪拌均勻，別讓蛋白消泡。

20 攪拌至蛋麵糊完全均勻。

21 混好的蛋糕倒滿烤模，將烤模邊緣都填滿。

22 放入 200℃預熱好 10 分鐘的烤箱烘烤 20 分鐘。

23 出爐後撒上糖粉趁熱馬上食用。

小叮嚀

出爐後的舒芙蕾會膨脹迸出模具，過幾分鐘就會消縮。撒上糖粉後要馬上食用，
不然遇到冷空氣，膨脹的舒芙蕾可是會整個塌掉，失去好口感。

Part 8

法國餐前小鹹點

法國人吃飯前都會喝杯餐前酒，
喝酒時也像台灣人一樣習慣配下酒菜。
學會甜點後，本章另外分享 7 道最受法國人歡迎的家常小鹹點，
當正餐或餐前小點皆宜。

8-1
法蘭酥鹹拼盤
Assortiments de palmiers aux olives, anchois, fromages, saucisses

以千層派皮為主要材料，包入或裹入橄欖、安鯷魚、乳酪絲和法式熱狗等製作而成。四張派皮變換出不同風味的鹹酥點，非常適合當開胃的下酒菜。建議讀者可事先做好法蘭酥鹹拼盤放冷凍庫保存，宴客當天再切片烘烤，輕鬆料理不忙亂。

　　法國人餐前都有喝開胃酒的習慣，親朋好友間的餐宴聚會，更是會多喝兩杯。我初來乍到法國時，經常喝完開胃酒也差不多吃飽了，一邊喝餐前酒，一邊吃開胃小菜，不一會兒便填滿了肚子，接下來的美味正餐都無福消受。法國人喝餐前酒，習慣不急不徐，吃吃喝喝，開心聊天。讀者們若有機會受邀到法國人家作客用餐，記得喝餐前酒時放慢速度，配合著法國人的速度，慢慢地喝，慢慢地品嘗開胃小菜，天南地北輕鬆聊天，才能真正享受與品嘗主人家精心準備的法式好料理。

份　　量：8~10人份
難易度：★★☆
烤箱溫度：200℃
烘烤時間：約25分鐘

材料

• 20 條安鯷魚 • 20 顆去籽橄欖 • 20 個小熱狗香腸（或長條形的）• 50g 乳酪絲（Emmental 牌子）
• 少許藍黴乳酪（Roquefort 牌子）• 少許法式芥末醬 • 少許義大利麵醬（或番茄醬）
• 一顆蛋黃（加少許水調成蛋汁）• 4 張派皮（請參考「3-6 派皮」作法，或買現成派皮）

作法

1　派皮擀成長條形。

2　塗上法式芥末醬。

3　分開放入橄欖。

4　滾兩摺包住橄欖。

5　切開派皮後，再重複以上動作三～四次，
　　直到整張派皮用完為止。

6　放冷凍庫 20 分鐘後再從橄欖的中央對切
　　開，即是橄欖口味的鹹法蘭酥。

7　派皮擀成長條形。

8　塗上義大利麵醬（或番茄醬）。

9　平鋪上 4 ～ 5 條安鯷魚。

10　滾兩摺包住安鯷魚。

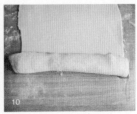

11 塗上蛋汁。切開派皮後，再重複以上動作
　　三次～四次直到整張派皮用完為止。

12 放冷凍庫 20 分鐘後，一條約切成七～八
　　等份，即是安鯷魚口味的鹹法蘭酥。

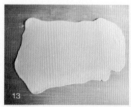
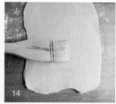

13 派皮擀成長條形。

14 塗上蛋汁。

15 撒上乳酪絲。

16 用披薩切刀或刀子切成細長條狀。

17 即是乳酪絲鹹法蘭酥。

18 乳酪絲鹹法蘭酥剩下的派皮，用切刀切成約 20 條長條形派皮約 0.5 公分寬。

19 小香腸以8字型包圍起來（圖19～19-3）。（或隨意在香腸外圍滾成一個圓圈，
　　如果是長條形香腸，可以像其他作法一樣滾兩圈後切斷，切成小條狀。）

20　派皮擀成橫長條形。

21　藍霉乳酪攪拌成泥狀。

22　派皮塗上藍霉乳酪。

23　左右兩邊往內滾成心型,夾心部分塗上蛋汁黏住派皮(圖 23、23-1)。

24　用保鮮膜包起來放入冰箱 20 分鐘冷凍,再切成片狀。

25　綜合的鹹派放在鋪好烘焙紙的烤盤上,放入 200℃預熱好的烤箱烘烤 25 分鐘。

26　移出烤箱即可裝盤食用。

Finish ▶▶▶

小叮嚀

1　如果要冷凍,可放在小型烤盤裡,放入冷凍庫,冰到變硬再分開裝入不同塑膠袋。

2　長條狀的法蘭鹹酥,如橄欖、香腸與安鯷魚等口味放冷凍,宴會前一天拿下來放冷藏退
　　凍,再切成小塊狀去烘烤。

3　另可試試羊奶乳酪(Fromage chèvre)的口味,作法是把乳酪攪拌成泥狀再塗在派皮上,
　　滾成木柴狀切片即可。

8-1 *Assortiments de palmiers aux olives, anchois, fromages, saucisses*

8-2
洛林鹹派
Quiche Lorraine

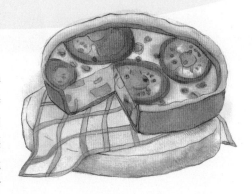

19 世紀初還沒有煙燻五花肉（Lardon fumé），當時製作洛林鹹派的基本材料是鮮奶、鮮雞蛋、鮮奶油、鹹奶油和乳酪及切碎的韭蔥，加上塔皮或派皮製成。因鹹奶油代替了五花肉的油脂，因此當它烤出來時，是飽滿略帶奶油香，並有柔軟的內餡口感。後來，法國開始生產煙燻五花肉，才以煙燻五花肉代替了鹹奶油。不喜歡高油脂五花肉的，也可變換口味，改成切絲的火腿肉或濾掉水分的罐頭鮪魚、新鮮切丁鮭魚。撒上一點普羅旺斯香草，就帶有法國南部普羅旺斯風。素食者在餡料裡鋪上切丁的三色甜椒，就成了蔬食風鹹派。怎麼變化都行，只要基本材料不變，大可發揮創意，自行調配搭配材料，但蔬菜盡量選擇不易出汁的即可。

　　洛林鹹派是法國人一年四季都吃的輕食，在家宴客多以洛林鹹派當餐前小點。這道鹹點熱食最為好吃，但冷食亦可。若當主食，可搭配生菜沙拉一起吃。

不論是以派皮或塔皮烘烤出來的洛林鹹派，各有不同的風味。我個人比較喜歡用派皮烘烤的口味。還可一次做多點洛林鹹派，放涼後切塊分裝在保鮮袋中，若沒時間或懶得做飯，再拿出來退凍烘烤，仍保有剛烤出來的風味。

除了糕點店，法國各大超市或肉鋪也都售有現成的洛林鹹派。肉鋪通常賣的是當天製作的新鮮品，超市則是新鮮和冷凍的皆有，深受法國上班族和主婦喜愛，因為忙碌了一整天，哪還有心思做飯，有了冷凍洛林鹹派一切搞定！

份　　量：6人份
難 易 度：★ ★ ☆
烤箱溫度：200℃
烘烤時間：約 45 分鐘

材料
• 一張鹹派皮或一張鹹塔皮（請參考「3-6 派皮和鹹塔皮」作法）
• 4 顆全蛋　• 150g 煙燻五花肉（切細絲）或煙燻培根　• 100g 乳酪絲　• 450g 全脂鮮奶
• 50g 液態鮮奶油（或新鮮奶油 Crème fraîche）　• 3g 食鹽　• 少許白胡椒　• 少許肉豆蔻粉

作法
1　工作檯上放上派皮，並撒點麵粉。
2　派皮擀開成約 9 吋大圓形。
3　烤盤鋪上烘焙紙，用擀麵棍捲起派皮。
4　派皮鋪在烘焙紙上，用擀麵棍去掉周邊多餘的派皮。

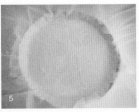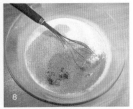

5　用叉子叉上幾個洞，再放上一張烘焙紙。

6　放上黃豆或糕點專用烘焙石，送入 200℃預熱好 10 分鐘的烤箱烤 15 分鐘。

7　大碗裡放入牛奶和液態鮮奶油。

8　再放入食鹽、肉豆蔻粉、白胡椒粉。

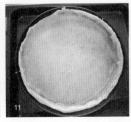

9　另一個碗裡將蛋混合均勻。

10　蛋糕混入牛奶糊裡充分混合，但勿將奶蛋糊打發。

11　從烤箱拿出派皮，拿掉鋪在上方的烘焙紙和黃豆。

12　在烤好的派皮上鋪上一層乳酪絲。

13　再均勻鋪上煙燻五花肉。

14　倒入蛋奶糊。

15　放入烤箱烘烤 30 分鐘，烤至表面充分著色，移出烤箱切塊食用。

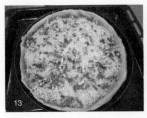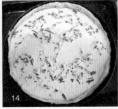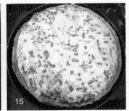

Finish ▶▶▶

8~2 *Quiche Lorraine*

小叮嚀

1 法製新鮮奶油（Crème fraîche）的口感比較綿密細緻，若沒有這道材料，可以液態鮮奶油代替。

2 洛林鹹派冷食或熱食皆可，外子喜歡熱騰騰吃配生菜沙拉。

3 吃不完的洛林鹹派，包好保鮮膜或放入保鮮袋放冷藏或冷凍，想吃時再用微波爐加熱兩分鐘，或放入預熱 10 分鐘的烤箱烤 20 分鐘即可食用。

8-3
火腿乳酪土司
Croque Monsieur

法文直譯的意思是「香脆先生」，據說是1910年在巴黎某家咖啡館先販售起來。就像台灣人愛吃烤厚片土司，美國人愛吃熱狗，中東人愛吃羊肉片夾烤餅，法國人則愛吃外型像三明治，夾層鋪上一層鹹奶油醬和乳酪，放入平底鍋乾煎或送入烤箱烘烤的火腿乳酪土司。

法國上班族到了午餐時間，幾乎都是在咖啡館隨便解決一餐，飯後喝杯咖啡提神，再回到職場繼續下午的工作，這道火腿乳酪土司搭配沙拉的簡餐就很受上班族歡迎。

除了 Croque Monsieur 外，也有 Croque Madame「香脆夫人」，主要材料與火腿乳酪土司相同，另在土司上加一顆全蛋，放入烤箱烘烤，蛋黃烤得半生不熟，食用時讓蛋黃汁液自然流淌沾滿整片烤土司，吃起來較不乾澀，口感特別好吃。

而「香脆夫人」的外型乍看是不是有點像女性身體某一部分的特徵？這也算是法國人將法式幽默發揮在食物上吧！

份　　量：4 人份	
難易度：★ ★ ☆	
烤箱溫度：200 ℃	
烘烤時間：10~15 分鐘	

材料

- 8 片白土司麵包（全麥土司亦可）　• 4 片火腿　• 20g 無鹽奶油　• 250g 牛奶　• 30g 麵粉
- 30g 無鹽奶油　• 50g 乳酪絲　• 少許食鹽、白胡椒粉、豆蔻粉　• 20g 半鹽奶油（塗土司用）

作法

1　20g 塗土司用的半鹽奶油放室溫軟化。
2　平底鍋以中火預熱，放入 30g 無鹽奶油。
3　奶油融化後放入麵粉拌炒混合。
4　加入牛奶、少許食鹽、白胡椒粉、豆蔻粉混合均勻。
5　繼續加熱攪拌均勻至濃稠後離火。
6　在烤盤上鋪烘焙紙。
7　放上土司，塗上少許軟化的半鹽奶油。
8　火腿對切。
9　鋪在四片土司上。

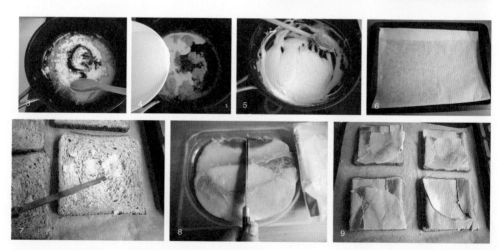

10 鋪上一些鹹奶油麵糊。

11 蓋上土司。

12 土司上放上鹹奶油麵糊。

13 用小刀均勻塗滿土司的上方。

14 撒上乳酪絲。（若是當正餐則整塊烘烤；如果是餐前小點，可切成小塊烘烤；
   想放冰凍，則用保鮮膜包好放入保鮮袋冷凍〔圖 14-1 ～ 14-3〕）。

15 放入 200℃預熱好 10 分鐘的烤箱烘烤 10 ～ 15 分鐘。

16 移出烤箱撒上少許香芹粉，叉上牙籤裝盤，即是開胃小點心。

Finish ▶▶▶

Croque Monsieur

小叮嚀

1 傳統口味的火腿乳酪土司是以白土司為製作材料。我平時都吃全麥土司,所以這個配方使用全麥土司。

2 可一次做多點用保鮮膜包好,裝入密封袋封緊,放冰箱冷凍庫,吃前再拿出來烘烤。

3 這道鹹點做成餐前開胃小點,所以上述最後一個步驟切成小方塊狀裝盤。如果當成主餐,可在烘烤後直接裝盤,放上少許生菜沙拉和番茄,再淋上少許沙拉醬,即為輕食餐點。

4 4 人份的輕食餐點,分切後則約 8 人份的開胃鹹點。

韭蔥燻肉塔

Tarte aux poireaux et aux lardons

鹹塔皮加上韭蔥、蛋、鮮奶油、乳酪和燻豬肉丁烘烤而成，常出現在法國人餐桌上的鹹塔。韭蔥是法國一年四季都出產的蔬菜，不僅可以製作鹹塔，還可做濃湯、雜燴湯、清燙、油醋沙拉等。燻豬肉丁也是法國人經常用的食材，兩種食材一年四季都不缺乏，隨時都能利用來製作佳餚。

韭蔥的外型類似台灣的青蒜，但味道溫和，沒有青蒜刺鼻的嗆辣味，配上燻肉丁恰到好處。這道鹹塔與洛林鹹派的作法有點雷同，只有在派皮部分改成塔皮，另加入韭蔥拌合，即成韭蔥燻肉塔。

材料

- 250g 燻肉丁（Lardon fumé）
- 150g 乳酪絲（Emmental）
- 150g 液態鮮奶油　• 80g 水
- 5g 沙拉油（約一湯匙）
- 2 根韭蔥（或青蒜）　• 3 顆全蛋
- 少許食鹽　• 少許白胡椒
- 一張鹹塔皮或買一張現成塔皮（請參考「3-6 鹹塔皮」作法）

份　　量：6 人份	
難 易 度：★ ☆ ☆	
烤箱溫度：200 ℃	
烘烤時間：約 45 分鐘	

作法

1　烤模鋪上烘焙紙，放上塔皮（或派皮）。

2　塔皮上方再放上一張烘焙紙。

3　均勻鋪上黃豆或烘焙石。

4　放入 200℃ 預熱 10 分鐘的烤箱烘烤 15 分鐘。

5　韭蔥切成細絲。

6　加入沙拉油、少許食鹽、白胡椒，放入微波
　　爐加熱 2 分鐘放涼備用。

7　大缽裡放入 3 顆全蛋，加入液態鮮奶油。

8　加入少許食鹽、白胡椒和水攪拌均勻。

9　加入韭蔥拌勻。

10　加入乳酪絲和燻肉丁拌勻。

11　塔皮移出烤箱，將混好的材料倒入烤好的塔皮。

12　再放入烤箱烘烤 25 〜 30 分鐘。

13　移出烤箱切片食用。

8~4 · *Tarte aux poireaux et aux lardons*

小叮嚀

1 家裡若有迷你型塔模，可將大型烤模改成迷你型烤模，製作迷你韭蔥培根塔。

2 混合蛋糊時只要混合均勻就好，不用將蛋打發起泡，烘烤出來的口感會比較細緻。

3 沒有燻肉丁，可改用培根切成細丁或火腿切丁代替。另外，液態鮮奶油也可改為 75g 液態鮮奶
油和 75g 法製新鮮奶油（Crème fraîche），口感上比較柔軟。

8-5
迷你紫茄餅
Tortillas fines aux aubergines

蛋奶汁、紫茄和其他香辛料拌合後乾煎而成。
我在這道配方中做了小改變，這改良的配方除了讓大家學習製作紫茄鹹蛋餅外，還能學到深受法國人喜愛的法式披薩皮的基本作法。看似披薩又不算披薩的紫茄蛋餅，綜合了蛋餅和披薩的口感，創造出奇特的風味。大家可製作大型的紫茄餅當正餐吃，或切成小片，更可做成小圓形當餐前小鹹點。單純的披薩餅皮配上略帶辣味的紫茄蛋餅，多重口感刺激舌尖上的味蕾，很適合當下酒小菜。

份　　量：4~5人份	
難 易 度：★★☆	
烤箱溫度：200℃	
烘烤時間：約45分鐘	

材料

法式披薩餅皮

• 250g 中筋麵粉　• 10g 麵包發酵粉
• 5g 食鹽　• 125g 水　• 10g 橄欖油

配餡

• 3顆全蛋　• 1顆紫茄　• 1顆蔥頭　• 1顆蒜頭　• 1根紅辣椒
• 1匙橄欖油　• 少許食鹽　• 少許白胡椒　• 少許牛奶

作法

1　鋼鍋裡放入發酵粉、食鹽。

2　加入水混合後，靜置 5 分鐘。

3　加入麵粉。

4　加入橄欖油。

5　用手攪拌搓揉。

6　揉成一個光滑的麵團。

7　用保鮮膜蓋好，放在溫暖的角落醒麵約 1 小時。

8　紫茄、蔥頭、蒜頭、紅辣椒（去籽）切成小丁。

9　平底鍋裡放入橄欖油預熱。

10　放入蔥頭、紅辣椒稍微爆香後，加入紫茄炒香。

11　加入食鹽、白胡椒。

12　最後伴入蒜頭起鍋放涼。

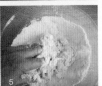

13　披薩麵團脹至兩倍大。

14　將醒好的麵團，放在撒上少許麵粉的工作檯上。

15　擀成大圓形，或切成小塊擀成小圓形，再用小圓形慕斯模打印成正圓形（圖 15、15-1）。

16 放入撒上少許麵粉的模具裡，用叉子叉上幾個洞（圖 16 ～ 16-2）。

17 放入 200℃預熱好 10 分鐘的烤箱烘烤 20 分鐘。

18 大碗裡放入 3 顆全蛋。

19 加入少許牛奶攪拌成蛋糊。

20 加入拌炒好的紫茄混合均勻。

21 披薩移出烤箱，倒入拌好的紫茄蛋糊或用湯匙舀入（圖 21、21-1）。

22 再放入烤箱繼續烘烤 25 分鐘。

23 移出烤箱切片或脫模食用（圖 23、23-1）。

8~5　*Tortillas fines aux aubergines*

小叮嚀

1　大圓形披薩餅皮擀成約 0.4 公分厚，勿擀得太薄，因為家庭用的烤箱無法像披薩店的高溫專業烤箱烤出來的口感，若擀得太薄，烘烤後會變得太乾硬。

2　紫茄餅冷食熱食皆宜，喜歡吃辣的人可以多加一根紅辣椒，或是烘烤後撒上辣椒粉。

3　披薩皮塗上濃縮番茄醬汁，或在紫茄餡料裡加入兩湯匙番茄醬，全蛋部分換成乳酪絲就成了烤紫茄披薩。披薩的配料可隨個人喜好增減或變換。

8-6

煙燻鮭魚白芝麻塔餅

*Rillettes de saumon fumé sur petits sablés
aux sésames blancs*

白芝麻小餅乾為底，塗上香料煙燻鮭魚醬的鹹味點心。法國較常見的是以煙燻鮭魚或鮪魚混合茴香（Fenouil，一種形似洋蔥的白綠色球莖植物）和香蔥絞碎後製成的傳統口味，塗在小圓麵包上，名叫鮪魚塗醬 （Rillettes de Thon）的餐前小點。在台灣不易找到茴香，我以香蔥代替茴香，讓這道傳統開胃點心在外型和味道上都增添些創意，希望讀者喜歡這道改良過的餐前小點。

| 份　　量：約 20 個 |
| 難 易 度：★★☆ |
| 烤箱溫度：200 ℃ |
| 烘烤時間：約 15 分鐘 |

材料

• 白芝麻塔皮

• 250g 低筋麵粉　• 70g 無鹽奶油　• 20g 白芝麻　• 15g 糖粉　• 5g 食鹽　• 150g 煙燻鮭魚

• 5 顆大紅蔥頭（或一顆洋蔥）　• 少許乾時蘿（或新鮮時蘿）　• 少許香蔥末　• 少許食鹽

• 少許白胡椒　• 半咖啡匙檸檬汁　• 3 湯匙新鮮奶油或白乳酪（Formage blanc）　• 少許豆蔻粉

作法

1　無鹽奶油切成小塊放室溫軟化備用。

2　麵粉加食鹽、糖粉、混合均勻。

3　加入切小塊軟化的無鹽奶油，用手搓均勻。

4　加入白芝麻，用手混合均勻。

5　揉成表面光滑的圓形麵團。

6　工作檯鋪上一張烘焙紙，麵團放在烘焙紙上方。

7　麵團滾成長條狀。

8　放入冷藏 20 分鐘。

9　麵團拿出冷藏，用刀子切成厚約一公分的片狀。

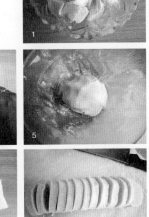

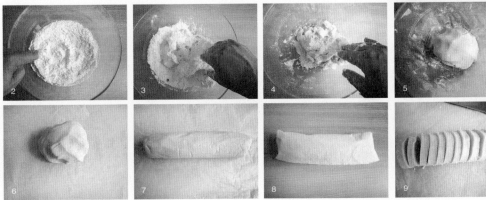

10 　烤盤鋪上烘焙紙。

11 　切片好的餅乾放置在鋪好烘焙紙的烤盤中。

12 　放入 200℃ 預熱好的烤箱烘烤 15 分鐘。

13 　移出烤箱，放涼脫模備用。

14 　燻鮭魚、紅蔥頭切成小丁。

15 　切丁紅蔥頭放入磨碎機磨碎。

16 　再放入切丁的煙燻鮭魚稍微磨碎混合。

17 　放入少許檸檬汁、少許白胡椒、少許食鹽、少許乾時蘿、
　　　新鮮奶油調味，再用磨碎機絞碎混合一下。

18 　將拌好的煙燻鮭魚蔥末放入大缽，拌入香蔥末混合。

19 　拌好的碎煙燻鮭魚用湯匙平鋪少許在白芝麻小塔皮上。

20 　再裝飾上香蔥段，撒上少許豆蔻粉裝飾，即可裝盤食用。

8-6 *Rillettes de saumon fumé sur petits sablés aux sésames blancs*

小叮嚀

1 煙燻鮭魚塗醬可以先製作起來用保鮮膜包起來，要吃前再塗上。

   或是塔餅和塗醬分裝在大盤子裡，讓客人自己邊吃邊塗，享受 DIY 的樂趣。

2 若事先塗在塔餅上會因為鮭魚塗醬裡的水氣，放上一段時間後影響塔餅的鬆脆度。

   不想太麻煩製作芝麻餅乾，可用土司切成小塊或法國棍子麵包切小片後直接塗抹代替。

8-7
奶油蝦泡芙
Petits choux à la crème de crevettes

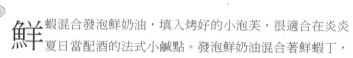

鮮蝦混合發泡鮮奶油，填入烤好的小泡芙，很適合在炎炎夏日當配酒的法式小鹹點。發泡鮮奶油混合著鮮蝦丁，融合香料調製而成的鹹味奶油餡，吃起來清淡爽口卻又不失鮮蝦的原味。雖然製作過程有些繁雜，但看到客人在享用它們時，臉上浮現滿足的笑容，儘管製作過程很辛苦，也都會在客人滿足的笑容裡得到回饋和鼓勵。

材料

泡芙基本材料

（請參考「6-2 法式小泡芙」作法）
- 100g 水　　• 50g 無鹽奶油　　• 5g 食鹽
- 100g 低筋麵粉　　• 3 顆全蛋

份　　量	約 20~25 個
難 易 度	★★☆
烤箱溫度	200 ℃
烘烤時間	30 分鐘

內餡基本材料

- 200g 液態鮮奶油　　• 25 隻煮熟去殼蝦子　　• 少許食鹽　　• 少許白胡椒
- 少許檸檬汁（或塑膠瓶裝濃縮檸檬汁）　　• 少許乾蒔蘿（或新鮮的蒔蘿）　　• 少許細香蔥後段

作法

1 蝦子煮熟後去殼。

2 蝦子切掉前面三分之一後切成細丁，剩下的放一旁備用。

3 深鍋裡放入水、無鹽奶油、食鹽以中火煮沸。

4 沸騰後加入麵粉，用木棒或攪拌棒急速攪拌直到麵粉與奶油水混合均勻為止，
  離火（圖 4、4-1）。

5 加入一顆全蛋攪拌均勻。

6 再加入一顆全蛋，繼續攪拌均勻。

7 再加入一顆全蛋，繼續攪拌均勻（圖 7、7-1）。

8 裝入有圓形擠花嘴的擠花袋中。

9 在烘焙紙上擠出 10 元硬幣大小的小圓形，放在烤盤上（圖 9、9-1）。

 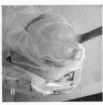  

10 放入 200℃預熱好 10 分鐘的烤箱烘烤 30 分鐘。

11 移出烤箱放涼冷卻。

12 將泡芙對切頂端三分之一部分，備用。

13 液態鮮奶油用電動攪拌器打成發泡奶油。

14 拌入檸檬汁、蝦子細丁、食鹽、白胡椒粉、蒔蘿混合均勻（圖 14 ～ 14-2）。

15 用小茶匙舀起裝入泡芙中。

16 最後裝飾上尾段的蝦子，蝦尾朝上並蓋上泡芙蓋。

17 頂端放上一根香蔥段裝飾，即可上桌。

小叮嚀

1 泡芙在烘烤中切勿打開烤箱，以免泡芙因為溫差而變塌。

2 除了鮮蝦外，可用煙燻鮭魚、蟹肉、鮭魚子等代替，作法雷同，
  只要在鮮蝦部分換成其他材料即可。

 Petits choux à la crème de crevettes

一學就會！法國經典甜點
70 道老師傅家傳配方，人人在家就能輕鬆做

作　　　者——法蘭西斯・馬耶斯（Francis Maes）& 林鳳美

繪　　　者——戴子維 & 戴子寧

主　　　編——曹慧

美術設計——比比司設計工作室

社　　　長——郭重興

發行人兼
出版總監——曾大福

出版總監——陳蕙慧

總　編　輯——曹慧

編輯出版——奇光出版

　　　　　　E-mail: lumieres@bookrep.com.tw

　　　　　　部落格：http://lumieresino.pixnet.net/blog

　　　　　　粉絲團：https://www.facebook.com/lumierespublishing

發　　　行——遠足文化事業股份有限公司

　　　　　　http://www.bookrep.com.tw

　　　　　　23141 新北市新店區民權路 108-4 號 8 樓

　　　　　　客服專線：0800-221029　傳真：(02) 86671065

　　　　　　郵撥帳號：19504465 戶名：遠足文化事業股份有限公司

法律顧問——華洋法律事務所　蘇文生律師

印　　　製——成陽印刷股份有限公司

二版一刷——2015 年 7 月

二版二刷——2018 年 8 月 14 日

定　　　價——399 元

國家圖書館出版品預行編目資料

一學就會！法國經典甜點：70 道老師傅家傳配方，人
人在家就能輕鬆做 / 法蘭西斯．馬耶斯 (Francis Maes),
林鳳美作 .-- 二版 .-- 新北市：奇光出版：遠足文化發
行 , 2015.07
　　面；　公分
譯自：La patisserie francaise pour tous
ISBN 978-986-91813-1-0(平裝)

1. 點心食譜 2. 飲食風俗 3. 法國

427.16　　　　　　　　　　　　104009396

線上讀者回函